「水」戦争の世紀

モード・バーロウ Maude Barlow
トニー・クラーク Tony Clarke

a pilot of wisdom

「水」戦争の世紀

目次

水という人間生来の権利のために戦い、
二〇〇一年六月二日、
コロンビアの準軍事組織により「行方不明」にされた、
キミー・ペルニア・ドミコに。
あなたの不在を悲しむ。

はじめに

世界の淡水が目に見えて不足してきた。私たち人類は、この生命の泉を汚染するだけではすまず、枯渇させようとしている。すでに、水不足による社会的、政治的、経済的な影響が急速に不安定要因となって、水がらみの紛争が地球上いたるところで頻発するようになった。いま私たちが生活習慣を改めないかぎり、これから四半世紀のうちに全人類の二分の一あるいは三分の二の生活は、深刻な水不足に見舞われるだろう。

一〇年前まで、淡水の研究は高度に細分化された専門家集団――水文学者《すいもんがくしゃ》、技師、科学者、都市計画者、気象予報士――の仕事だった。一般の人たちが無関心のままだった水に、彼らはそれぞれの専門分野ごとに関心を払ってきた。いまや多くの人が警鐘を鳴らしている。迫りくるグローバルな淡水危機は、地球の存続にかかわる脅威になりそうなのだ。

だが、この時代を支配するのは、いわゆる「ワシントン・コンセンサス」――全世界にとって自由市場経済以外の選択肢はないとする経済モデル――による原則なのだ。この「コンセンサス」の要点は、「コモンズ（共有財産）」の商品化である。すべてが販売の対象になり、そこには社会事業や天然資源などの人類の共有財産も含まれてしまう。各国政府は自国の領土内にある天然資源を保護する責任を放棄してしまい、資源開発を目的とした民間会社にその権利を譲り渡している。

淡水危機は動かしがたい現実である。その現実に直面した政府と国際機関は、「ワシントン・コンセンサス」に基づいて、水の私有化と商品化を提唱しだした。水に値段をつけろ、と彼らは言う。水を売りに出して市場にその未来を決定させろ、と。世界銀行や国連によれば、水は人間の必需品であっても人間の権利ではない。この言葉の解釈の違いはきわめて重要だ。金がある者にとって、必需品はいくらでも手に入る。しかし、人間の権利を売るのは許されないはずだ。

二〇〇〇年三月、第二回「世界水フォーラム」がオランダのハーグで開催され、水を商品として位置づけた。並行して開かれた閣僚級国際会議にのぞんだ各国政府代表は、そのことに対して何の手もうたなかった。各国政府はむしろ、喉の渇いた世界中の市民に営利目的で水を販売する民間企業の手助けをした。世銀やIMFに後押しされた少数の多国籍企業は、公営の水道事業を買いあさっている。しかも、これらの企業は地元住民の支払う水道料金を値上げして、水危機の解決策を模索する第三世界から利益をかすめ取っている。その動機についてこう広言する企業もある。淡水の供給量の減少は水企業とその投資家にまたとないベンチャーの機会をつくってくれた、と。

北米自由貿易協定(NAFTA)とそれにつづく米州自由貿易圏(FTAA)や、世界貿易機関(WTO)などの貿易協定に署名することによって、自国の上水道の事業権を譲り渡している政府があとを絶たない。これらの貿易協定が、加盟国の淡水を利用する権利を多国籍企業に与えているからだ。国内の水源欲しさに政府を相手どって訴訟を起こす企業がすでに出現している。企業は、こうした国際貿易協定による保護を武器にして、水路やスーパータンカーを使った水の大量輸送をもくろんでもいる。

政府と企業の有力者は、水の商品化に「誰もが」賛成だと思っている。だが、人びとは水にかかわるまぎれもなく政治的な問題を討論する機会を与えられていない。水は誰のものか？誰かが所有すべきものか？　水にかかわる事業が民営化されたら、自然界のために水を買い求めるのは誰なのか？　貧しい人が水を利用するにはどうしたらいいのか？　企業に水系全体を買う権利を誰が与えたのか？　民間が買い占めた水資源を誰が守るのか？　水の管理に関する政府の役割は？　豊かな水資源をもつ国は乏しい国に水をどう分けたらいいのか？　大自然の血液に等しい水を誰が管理するのか？　一般市民がこうした議論に参加するには？

本書はこれらの疑問に答えるものだが、私たちが拠りどころとする基本理念は、「ワシントン・コンセンサス」のそれとは正反対である。淡水は地球と全生物種のものであり、個人の利益のために水を使う権利は誰にもない、と私たちは信じる。世界遺産の一部である水を、社会の「コモンズ」として保護し、各国内の条例や法律、国際法によって守るべきなのだ。これはコモンズという考えそのものにかかわる問題であり、コモンズを通して私たちは人類愛に目覚め、子孫のために保護すべき天然資源があることに気づくのである。

私たちは日常生活に欠かせないクリーンな水へのアクセスを基本的人権と考える。どの世代にも水質の低下を招かないようにする責任がある。すでに悪化している生態系の回復を含め、生態系の保護には多大な努力が必要である。地域社会は水路の番人となり、この大切な資源の使用を監督する基本理念を定めなければならない。

何よりも社会と生活様式を改革する必要がある。そうしないと地表の乾燥を防げないのである。人間は、生命の維持が本来可能だった集水域の生態系内で生活することを学ぶべきだ。世界の貴重な水源を不用意に乱用しても、科学技術がなんとかしてくれるなどという考えは捨てるべきだ。水のない惑星を救える科学技術など存在しないからである。

地球の水資源の公平で賢い利用法についての議論は始まったばかりだ。本書は、より深まる世界の淡水危機、水というコモンズを食いものにする企業、そして政府と国際機関が共謀して地球上の淡水を盗む話を紹介していく。世界中の一般市民が新しいタイプの市民主導による政治活動に参加していることを知ってもらいたい。彼らは水の商品化を拒否し、地元の淡水系の番人になって、主導権を奪い返そうとしている。こうした改革者や闘士が本書の主人公だ。彼らの勇気と洞察は、私たちの心を明るくしてくれる。彼らを手本とすれば、手遅れになる前に淡水資源を救えるかもしれないのである。

第一部　淡水資源危機

第一章　非常警報——世界の淡水が涸れてしまう

いくつもの古代文化の伝説や歴史のなかで、水は大切なシンボルとして扱われている。二一世紀の先進工業国の都市部に住む人間とは違って、昔の人びとは水資源がいずれ尽きるかもしれないとわかっていたので、手に入った水は大事に使うようにしていたのだ。

伝統を受け継ぐイヌイットや古代メソポタミア人の社会でも、人びとの生命を支える水が大切にされた。イヌイットの主な食糧源はアザラシや魚やセイウチなどの水棲動物であり、彼らは水の女神セドナを崇《あが》めていた。厳しく国を治めるセドナは、その力を水から得ていたのである。セドナはイヌイットに、海から食物をさずけ、家をつくるための氷も与えた。この女神の恵みがなければ、誰一人生きていけなかっただろう。古代メソポタミア人の世界では、別の理由から水は大事にされた。イラク北部の肥沃な盆地に移り住む以前、彼らは雨がほとんど降らない南の平野に住んでいた。乏しい水をやりくりして農耕に利用していた。だから、彼らの水の神エンキは、神々のなかでも特に重要な存在だったのである。

そこから何千マイルも離れた中国には、旱魃《かんばつ》の脅威をテーマにした神話がある。偉大な射手が一〇個ある太陽のうち九個を射落として大地を旱魃から守ったという神話だ。中国の伝承によっても、この世を構成する水と他の元素との間には、崩してはならぬバランスがあると考えられていたことがわかる。だが今日では、地球のほとんどの水系に見られる乱用や気候変動によって、自然界のサイクルが乱されている。そして、私たちの政府は水を保護する義務を放棄し、営利企業に水の管理をゆだねようとしているのだ。

水資源とその流通システムを企業に支配させるのは、世界中の人間の福利を脅かすことである。水は生命に欠かせぬものだからだ。生態系は水と水循環によって支えられている。古代人は、水を破壊することが自らの破滅につながると知っていた。利益の追求に走り、人間が自然界よりも優位にあると信じている近代的な「先進」文明だけが、水を重んじない。その結果は、乾燥しきった砂漠や都市、ウェットランド（野生生物を保護すべき沼地や湿地）の破壊、水路の汚染、幼い子供たちや動物の死だ。

自然はときに牙を剝《む》く。イヌイットの水の女神のように寛容ではないのだ。徴候はすでに見られる。水とそれを支えている生態系と人間との関係を変えないと、私たちの富や知識は無意味なものになってしまうだろう。古代の祖先と同じく現代人も淡水に依存しているというのに、この大切な資源が失われかけていることが理解されていない。時は休みなくきざまれている。しかし、それがわかっている人は少ないのである。

限りある資源

人はこの惑星に淡水が無限にあると思いたいらしい。だが、それは誤った思いこみである。利用可能な淡水は、地球の総水量の〇・五パーセント以下でしかない。その他は海水や南北両極の氷、または利用できない地下水である。人類は淡水資源を使いはたす一方で、汚染してきた。そして、地球上の全生物種は死の危険にさらされているのだ。地球の水資源には限りがあり、この惑星ができたときと同量の水しかない。そして大部分の水はそのときと同じものである。

地球上の全水量は約一四億立方キロメートル。カナダのナチュラリスト、E・C・ピルーはこれを頭の中で思い浮かべやすいように説明する。地球上のすべての水を凍らせて一つの立方体にすると、各辺は約一一二〇キロ、スペリオル湖の長さの約二倍だという。だが、地球の淡水量は約三六〇〇万立方キロで全体のわずか二・六パーセントなのだ。このうち一一〇〇万立方キロ、〇・七七パーセントが比較的短い時間で循環する水循環の一部と見なされている。淡水は降雨によるほか再生できない。だから、人類があてにできるのは三万四〇〇〇立方キロの雨水だ。この雨水が「流出水」となって河川や地下水から海に帰っていく。これだけが人類の

「利用できる」水なのである。

雨は水の循環に欠かせぬ現象だ。水は大気中と地表を行き来し、地上一五キロから地下五キロの間を循環する。大陸の水系や海から蒸発する水は大気中まで上昇し、この惑星を包んで保護する。そこで水は飽和蒸気となって雲を形成し、雲が冷却されて雨になる。雨は地表に注ぎ、地面に滲みこんで地下水になる。今度はこの地下水が地表に湧出して河川になる。次いで地表水や海水は蒸発して大気中にのぼり、また循環が始まるのである。

しかし、地球上の淡水の大部分は、深さに差はあるにしても、地中に蓄えられている。この地下水の体積は地表の水の六〇倍。地下水にはいろいろなタイプがあるが、人類にとって重要なのは空から降った「天水」、つまり水循環をになう地下水で、これが移動して地上の河川と湖沼に送りこまれる。帯水層と呼ばれる地下貯水池は岩盤に守られているので比較的安定している。多くは閉じた系として存在し、天水が注ぎこまれることはない。帯水層に掘った井戸や掘削孔は大きな貯水池から汲み上げるので確実な水源だが、長期の利用には採取率と同程度の速度で帯水層に水を補充する必要がある。ところが、減少する地表水を補うために世界中であわただしく地下水を汲み上げている現実がある。

さまざまな脅威

水資源はさまざまな理由から限界に達している。第一の理由は、世界の人口爆発。一〇年後には、インドの人口は現在より二億五〇〇〇万人増え、パキスタンでは倍増に近い二億一〇〇〇万人になる。水紛争の世界五大危険地帯――アラル海地域、ガンジス川、ヨルダン川、ナイル川、チグリス・ユーフラテス川流域――では、二〇二五年までに人口が四五パーセントから七五パーセント増加すると予測されている。同時期に、中国ではアメリカの総人口を上回るほど増え、世界全体では二六億人の増加になるのだ。国連食糧農業機関（ＦＡＯ）によれば、これらの人びとを食べさせるには農業生産を五〇パーセント増やす必要がある。そうなると淡水の需要増は計り知れなくなるだろう。

都市に移住する人間が増えて、人口過密となった都市部では給水の限界を超え、衛生活動が不充分になる。都市と農村の人口は史上初めて等しくなり、二〇三〇年までには都市部の人口はさらに増える。世界には人口一〇〇〇万人以上の都市が二二あるが、国連によれば、都市部で一六〇パーセントもの人口増加があり、農村の二倍の人びとが都市に住むようになるという。

多くの要因が重なった結果、一人当たりの水消費量の爆発的な増加が第二の理由になる。地球全体の消費量は二〇年ごとに倍増しているが、これは人口増加率の二倍以上なのだ。科学技術の進歩と衛生設備の普及によって――特に裕福な先進工業国では――必要とする以上の水が使われるようになった。カナダの平均的な家庭は毎年五〇万リットルの水を使用し、トイレ――二つ以上ある家が多い――に水を一回流すたびに一八リットルも使う。また給水施設からの漏水により、世界中で大量の水が失われている。だが、個人の水利用が爆発的に増えたとはいえ、家庭と地域社会が使用する水は全体の一〇パーセントにすぎない。

家庭以上に大量に水を使うのは産業界で、それは供給される淡水量の二〇パーセントから二五パーセントにあたる。その需要は激増して今日の成長傾向がつづけば、産業による水使用は二〇二五年までに倍増するという。大規模な工業化は多くの大陸で人類と自然とのバランスの崩壊を招いている。ラテンアメリカやアジアの農村部ではこれが顕著で、これらの地域では輸出志向の農業関連企業は、小農家が食糧自給のために使っていた水に手を出している。ラテンアメリカをはじめ第三世界が設けた八〇〇以上の自由貿易地区では、組立ラインで世界の裕福な消費者のための製品をつくっているが、これも地域の水を奪う大きな要因になっている。

世界の成長産業には水集約型のものが多い。一台の車をつくるには四〇万リットルの水を必要とする。コンピュータ製造会社は大量の脱イオン水を使い、新しい淡水資源をつねに物色している。アメリカのコンピュータ産業だけでも、一兆五〇〇〇億リットルの水を使い、毎年三〇〇〇億リットルの廃水を出している。「クリーンな」イメージがあったハイテク産業も、その短い歴史を通じて公害の発生源となった。シリコンバレーは米環境保護局（ＥＰＡ）のスーパーファンド法に抵触する汚染サイトがアメリカで最も多く、たいていハイテク製造業関連のものだ。アリゾナ州フェニックスとその周辺の地下水は三〇パーセント近くが汚染されている。

人間の使用する全水量のうち穀物生産のための灌漑《かんがい》には六五パーセントから七〇パーセントが使われる。その一部は第三世界の小農家向けだが、産業化された農業が使う水の量は増加する一方で、乱用がひどい。その農業の産業化を先進工業国の政府は助成しているのである。

一人当たりの水消費量の増大と人口増加に加えて、世界の地表水系の大量汚染は、現存するクリーンな淡水への負担になる。世界の森林破壊、ウェットランドの破壊、水路への農薬や化学物質の不法投棄、地球温暖化が繊細な水系に害をなしている。別の汚染源としては水系におけるダム建設や分水があり、危険な濃度の水銀や飲料水媒介の病原菌との関連が指摘されている。世界全体の大型ダムの数は一九五〇年には五〇〇〇あまりだったが、現在は四万に増え、船舶航行のために改修された水路は、一九〇〇年の九〇〇〇弱から五〇万近くにおよんでいる。北半球の主要河川の四分の三が都市への電力供給のために利用されている。

地球の主要河川系の乱開発は別の限られた水源を脅かしている。「エジプトのナイル川、南アジアのガンジス川、中国の黄河、アメリカのコロラド川など主要河川では、ダム建設や分水、過剰な引水のために淡水が最終目的地に到達しない期間がかなり長くなっている。たとえ到達したとしてもわずかな量だけになるだろう」と、マサチューセッツ州にある「世界水政策プロジェクト」のサンドラ・ポステルは警告している。

近年、五大湖の水位も記録的に低下している。二〇〇一年には、モントリオール港の水位が例年の平均より一メートル以上も低かったほか、ミシガン湖やヒューロン湖でも五七センチ下がっていた。五大湖の水位は水流に影響するので、セント・ローレンス川が大西洋に注がなくなる、と環境監視団体は警告している。

死にゆく惑星

スロバキアのNGO「水と市民」で活動するミハル・クラフチークの率いるチームは、人間活動が淡水源におよぼす深刻な影響について調査した。スロバキア科学アカデミーの著名な水文学者であるクラフチークが調べた結果、産業化された農業、都市化、森林破壊、道路舗装、インフラ整備、ダム建設がスロバキアとその周辺諸国の水系におよぼしている影響は、憂慮すべきものであった。河川などの自然生息環境の破壊は、人間と動物に水供給の危機をもたらすだけでなく、この惑星に存在する利用可能な淡水の実際量をひどく減少させてしまうという。

クラフチークは一滴の水の循環をこう説明する。まずは、植物、地表、湿地、河川、湖沼、海洋からの水滴の蒸発によって循環は始まる。その水滴が森林や湖沼、草の葉や草原や野原に降れば、土壌や森林が吸収できるので、自然にさからうことなく水循環に戻ることになる。しかし、都市部の舗道や建物の上に降れば土壌に吸収されずに海へ向かう。これは地面や河川の水が減り、陸から蒸発する水が少なくなることを意味する。だから内陸国では、土壌または湖沼や河川に吸収されてとどまるはずの水が、海に流れてしまうので雨量が減少するのだ。

「河川から海洋に流入する水の量が、海洋から蒸発し降雨により陸地に戻っていく量に等しければ、水循環のバランスは保たれる」とクラフチークは言う。しかし、地表から地中に浸透する水の量が減ることもある。これは毛管作用による減少といい、地表を人工的に覆いすぎたことが原因だ。森林や土壌でなく舗道や建物の上に降った雨は地面に吸収されず、河川や海洋の増水が起きる。その結果、貴重な淡水が塩水に変わってしまうのだ。

クラフチークのチームによれば、地表の舗装が進み森林や草原が消失し、天然の泉や小川に流れこむと、それを必要とする河川流域や集水域に降水がとどまる量は減り、海への流出が増え、そこで塩水となる。それは言ってみれば、樹木のない舗装面が巨大な屋根あるいは傘となって、その上に雨が降りそそぐようなもので、その下にあるすべてのものが乾いたままで、水は外辺部まで流れでてしまう。森林や草原などのような水の「住処《すみか》」だったら雨や雪を保持してくれるが、舗装面や裸の地面では吸収されずに海へと流出する。保水力の高い地形の破壊は自然への侵害であると、彼は考える。「〝居住権〟は水滴の基本的権利の一つ」なのである。

この考えを明示しようと、チームはクラフチークの出身国スロバキアを研究対象にした。ヨーロッパ中部のこの小国は、短期間に急激な都市化を経験した。田園は「近代的な」国家に生まれ変わり、水系もこの変化に応じて変わった。スロバキアの集水域では、環境に手を加えた結果が、雨水の陸地から海洋への流出の原因になっていることがわかった。屋根、舗装面、駐車場、道路が増えるにつれて、水の供給量がどれほど減るかを明らかにすることにも彼らは成功した。毎年、スロバキアでは約二億五〇〇〇万立方メートルの淡水が失われるが、これはスロバキア全土の集水域にある水の一パーセントに相当する。第二次世界大戦以降、スロバキアの年間降水量は実に三五パーセントも減少しているのだ！　地表を人工的に覆いすぎた結果、湿地帯や沼のような水が集まる場所はさらに減ってしまった。本来は、そこで蒸発した水は再び雨となり、水を必要とする土地に戻ってくるのだが。

研究者は、これが地球規模では何を意味するかについても考察している。いたるところで都市化が進み、スロバキアとほぼ同じペースで道路が舗装された。大陸は年に一兆八〇〇〇億立方メートルの淡水を失い、そのために毎年五ミリずつ海面が上昇する。これがつづけば、今後一〇〇年間で一八〇兆立方メートルの淡水が失われる。これは水循環全体の水量にほぼ等しいのである。

クラフチークのチームは警鐘を鳴らした。地球上に、彼らが「ホット・ステイン」と呼ぶものが増加しているというのだ。「ホット・ステイン」とは、かつてあった場所から水がなくなったところである。近い将来には、地球の「乾燥化」によって次のことが起こると予想されるという。旱魃、大規模な地球温暖化がもたらす極端な天候異変、大気の保護機能の低下、太陽放射の増加、生物多様性の減少、極地の溶解、広大な土地の水没、大陸の砂漠化などだ。そして、ついには「グローバルな崩壊」が起きると、クラフチークは警告している。

これだけではない。二〇〇一年一一月、カリフォルニア大学のスクリップス海洋研究所が公表した調査結果によると、人工的な汚染粒子も水循環を減衰させる原因かもしれないという。化石燃料が燃やされて生成する微細なエアゾル粒子が、海中に届く太陽光を減少させる。そのために海面の水温は下がり、大気に戻る水蒸気が減って雨が少なくなるというのだ。

必死の探索

水面が地表に出ている淡水の供給が思うようにいかなくなったので、地域社会、農家および産業界は流出することのない表層地下水や深層帯水層を、必死に探すようになった。推計すると一五億人（世界の総人口の約四分の一）が飲料水を地下水に依存しているのが現状である。人口が世界でも最も多い中国とインドを含むアジアでは、供給される水の五〇パーセント以上、場合によってはほぼ一〇〇パーセントを地下から採っている。西インド諸島のバルバドス、デンマークやオランダなどはほぼ全面的に地下水依存である。フランスやカナダやイギリスが利用する水の約三分の一は帯水層から供給され、アメリカ人の五〇パーセント以上がやはり地下水に頼っている。世界中で地下水が日常的に利用され、需要は爆発的に増大している。広範にわたる地下水の過剰揚水および帯水層の枯渇は、世界で最も集約的な農業が営まれる地域で深刻な問題になっている。

帯水層の大きさはさまざまである。ナチュラリストのE・C・ピルーによれば、地下水が帯水層として機能するには、水を貯蔵できる充分な大きさと、満足のいく取水速度が得られる浸透性が必要だ。帯水層には被圧帯水層（礫層《れきそう》などの堆積物で覆われ、そこから水が上部に逃げられないもの）と不圧帯水層（飽和しているため、閉じこめられた水が地下水面まで上昇でき、礫層のような固い堆積物に穴を開けなくても帯水層にパイプを通せるもの）の二種類がある。

新しい地下水源を探す方法としては、テスト井戸またはボーリング孔の掘削がある。井戸は何世紀にもわたり役立ってきたが、広範な地下水の揚水は二〇世紀後半からの現象で、電力と安価な装置が利用可能になったおかげだ。

多くの国で、最初はポンプ灌漑こそ天の賜物だと考えられた。一年を通じて作物を栽培できるからだ。この灌漑方法は、論議を呼んだアジアの「緑の革命」を可能にした。これはインドを含む多くの第三世界諸国が実施した実験で、土地の単位面積当たりの収穫量を高めるのが目的だった。これを可能にするため、単作が生物多様性にとって代わり、大量の農薬や化学肥料が使われ、食糧生産は飛躍的に増えた。だが、緑の革命は集約的灌漑農法に依存して、生物多様性の破壊と化学汚染の増加を招いたために、おおむね評価が低い。緑の革命が原因で、農家同士が水の取りあいをし、水が昔のように「コモンズ（共有財産）」として節約しつつ使われなくなった。地域共同体には洪水や旱魃、また水の割り当てについて昔からの対処法があったが、時代遅れということで、どれも放棄されてしまった。また、過剰灌漑ばかりでなく化学肥料と農薬にも依存したため、緑の革命は失敗に終わったのである。

地下水が目に見えないことも問題の一つだ。帯水層が不意に枯渇するまで、農家は水がなくなったことに気づかない。しかも、地下水の大量揚水は有限の帯水層を枯渇させるだけでなく、周辺全域の地下水面をも激しく低下させる。補充量を上回る取水をするうちに、揚水にかかる費用が高くつくだけでなく、鉱物の溶解による汚染もひどくなる。地下水が河川や湖沼の主要な水源となっているため、帯水層の取水はこうした地表水をも枯渇させるので、結果は重大である。川の流量が減って池や沼沢が消えることもあれば、海岸部の帯水層の水が減るために塩水が浸入することもあるのだ。

地下水の汚染は、工業や石油採掘、水の採取などの事業が国際的に展開されるにつれて問題になりだした。国連環境計画が発行する『世界の資源と環境』によれば、第三世界諸国の急速な産業化によって、地域における唯一の水源である帯水層が重金属、酸類や残留性有機汚染物質類（ＰＯＰｓ）で汚染される現象が頻発している。

カナダのアルバータ州では、大部分が帯水層の二〇四〇億リットル以上の水を毎年油田に注入し、油層への圧力を保持し生産性を高めようとしている。これだけあれば、アルバータ州レッドディアの住民七万人に二〇年間も淡水を供給できるのである。しかし採掘し終えた油田には、人間や自然にとって価値のない水しか残らない。

近年、石油会社とカナダ政府は「タールサンド」開発のため、さかんに投資している。アルバータ州北部にあるオイルサンド（油砂）層で、世界に残る石油資源の約三分の一（サウジアラビアの埋蔵量以上）があると推測されている。タールサンドから石油を分離するには大量の水が必要だから、この地域ではすでに河川の流量が減少している。カナダの水問題専門家ジェイミー・リントンによれば、石油の分離過程で水が汚染されるので、使用ずみの水を廃水池に貯める必要がある。深い場所にあるオイルサンドは水平井戸を掘って地下深く蒸気を注入しないと取りだせない。この取水方法では一バレルの石油を生産するのに九バレルの水が必要だ。炭層メタンを回収する場合にも、高塩分濃度の地下水を帯水層から大量に取水する。平均的なメタン生産井は毎日約六万リットルの地下水を汲み上げるが、そのとき河川には塩水が排出され、それが原因で水生生物が死ぬ。モンタナ州だけで、今後一〇年間に一万四〇〇〇本から四万本の生産井を開発する計画があり、その中間値に近い二万四〇〇〇本の生産井の場合、毎日約一三億リットルの水が地下水層から汲まれ、一〇年間で帯水層の地下水位は約一〇メートルも低下する。

この例で見るような水利用の幾何級数的な増加を危惧し、世界資源研究所（ＷＲＩ）は次のように警告した。「水への渇望は、二一世紀の最も逼迫した資源問題になりそうだ……水量のわりに取水量が多すぎるところもあり、そのために地表水は少なくなり、地下水も降水による補充率を上回る勢いで枯渇している」

干上がったアメリカ

北米人は水不足を第三世界の問題と考えがちだが、最近はそのお膝元でも水危機が発生している。アメリカの灌漑の二一パーセントは、補充率を上回る速度で地下水を揚水して成り立っているのだが、それはアメリカ中西部のオガララのような帯水層が急速に枯渇することを意味している。この一帯では深刻な旱魃と井戸涸れが発生し、農家を直撃している。アメリカでは、帯水層が枯渇して農地が放棄されて出た損害が、毎年四〇〇〇億ドルを上回っている。

オガララ帯水層は世界で最も有名だろう。単一の帯水層としては北米最大であり、ネブラスカ州以南の大草原地帯、ハイプレーンズに五〇万平方キロ以上にわたり広がっている。この帯水層は、フライパンの柄の形をしたテキサス州の一部からサウスダコタ州まで伸び、四兆トンの水があると考えられ、それは五大湖のヒューロン湖の水量より二〇パーセントも多いのである。その大半はほとんど補充されることなく、深い地層に閉じこめられていた化石水だ。オガララ帯水層からは、アメリカの全灌漑地の五分の一にあたる三三〇万ヘクタールの農地を灌漑するために、二〇万本以上の井戸が掘られ間断なく取水されている。取水量は毎分五〇〇〇万リットルであり、オガララ帯水層の水は自然に補充できる水量の一四倍の速度で失われている。一九九一年以降、この帯水層の地下水面は毎年一メートルも低下しており、いくつかの推計によれば、すでに半分以上の水が失われているという。

オガララ帯水層の破壊は、水不足に向かうアメリカで最悪の例だが、水の安全保障が失われかけている地域はまだある。窮地に立たされているカリフォルニアの場合がそうだ。カリフォルニア州では帯水層が枯渇し、コロラド川からの取水は限界に近づいている。サンホアキン・バレーの地下水面は過去五〇年間で、場所によっては一〇メートルも低下した。セントラル・バレーでは、全人工貯水池の総貯水量の四〇パーセント以上が失われた。水資源局の予測では、二〇二〇年までに新たな取水源が見つからなければ、カリフォルニアは淡水不足に見舞われるという。

アメリカ南西部の砂漠地帯で人口爆発がつづいている。この地域には水がほとんどなく、それでもツーソン市に八〇万人以上、アリゾナ州全体で四〇〇万人が住み、七〇年間で一〇倍に増えた。ツーソンの取水源は最近まで帯水層だけだった。しかし、過剰取水によって井戸の深さは一五〇メートルから四五〇メートルに達している。ツーソン市当局はコロラド川の水を導入し、水を節約しようと地域の農地を買い上げて休耕にした。フェニックスの開発事業は毎時一エーカーの割合で進み、市の東にある地下水面が一二〇メートル以上も低下した。アルバカーキに関する将来予測では、取水がいまのままつづけば二〇二〇年までに地下水面は二〇メートル低下し、この地方では一〇年から二〇年で水が供給できなくなる。

雨の多いシアトル市でも供給できる以上の需要があり、二〇年後には不足すると考えられている。より乾燥したエルパソは、現在の水源を二〇三〇年までに使いきると予想される。カンザス州北東部では水不足が深刻化し、すでに過剰取水の状態にあるミズーリ川へパイプラインを建設する案が検討されている。

ケンタッキー州では一二〇ある郡の半数以上が、二〇〇一年夏には水不足にあえいだ。大西洋沿岸のロングアイランド島では、地下水盆の帯水層からの取水によって枯渇が急速に進んでいる。産業排水による汚染も年々悪化している。マサチューセッツ州のイプスウィッチ川は流量が減り、フィラデルフィアやワシントンなど水質が悪いことで有名な東部の都市は、長く利用できる安全な水源を求めて遠く離れた地域に目を向けている。

オガララ帯水層と同様、フロリダ州南東部の帯水層系も自然による補充が追いつかない速度で取水されている。面積が約二〇万平方キロもあるこの帯水層系は、フロリダ以外の数州にまたがっているが、毎分六六〇万リットルも取水され、水位は危険なまでに低下している。フロリダでは、海水が浸入するほど帯水層の地下水面が下がっているのである。

絶望的なメキシコ

アメリカと国境を接するメキシコでは水不足がより深刻だ。アステカ王国の首都テノチティトランは湖上の島に築かれた都市で、本土とは三本の堤道で結ばれていた。多くの運河、送水路、堤防、橋がめぐらされたこの都市は、空中庭園や浴場が点在する安らぎの場でもあった。一五二一年に侵略したスペイン人はアステカの立派な建造物を取り壊し、堤防を崩して、多くの奴隷労働者を使って湖を埋め立てた。

五世紀の間、メキシコ・シティの人口は変わらなかった。一八四五年の全人口はわずか二四万人だったが、それがにわかに増えはじめた。一九三〇年には一〇〇万人を突破し、現在は二二〇〇万人という驚くべき数になった。ずさんな都市計画によって無制限に拡大しつづけたコンクリート舗装が排水や自然の流れの行く手をふさいでしまう一方、一〇〇年前に敷設された水道管の老朽化のために給水の四〇パーセントが水漏れによって失われている。雨水は地下システムに流れこみ、そこで汚水とまざって、近郊農地の灌漑用にポンプで送られるのだ。

この地域の地下水源はまさに切迫している。現在、メキシコは供給量の七〇パーセントを帯水層に依存しており、補充率を五〇パーセントから八〇パーセントも上回るペースで帯水層から取水している。メキシコ・シティの水の約三分の一は海抜二三〇〇メートルの高所まで揚水する必要があり、三〇〇キロも離れたところからの送水もある。文字通り水が枯渇しつつあるメキシコ・シティは、専門家によれば、あと一〇年で完全に干上がるかもしれないそうだ。

メキシコ・シティはこの数十年間、地下水が空気と入れかわるにつれて、沈下してきた。石炭や石油の採掘現場周辺でよく見られる地盤沈下である。水を汲み上げた結果としては初めてこの現象を経験したのがメキシコ・シティなのだが、それはこの都市が多孔性のスポンジのような下層土上に立っているからだ。メキシコ・シティでは、住民が水を飲めば飲むほど地盤沈下は進むのである。

中近東の危機

中近東諸国がこのところ毎年直面しているのは、歴史に残る規模の水危機である。アラビア半島では補充率を三倍も上回る速度で地下水を利用している。このまま取水すれば供給量の七五パーセントを帯水層に依存するサウジアラビアでは、五〇年後にすっかり枯渇する。食糧の自給をめざしたサウジは、灌漑農法に助成金を出したのだが、これはあまりにも高くついた。

穀物を一トン生産するのに三〇〇〇トンの水が使われたのだ。

イスラエルでは、この二五年で補充量を二五億立方メートルも上回る取水がなされた上、沿岸帯水層の一三パーセントが海水と化学肥料まじりの流出水で汚染された。イスラエルの政府職員によれば、二〇一〇年までに三億六〇〇〇万立方メートルの水が不足する。だが、二〇〇一年七月の政府声明の時点で、すでに「深刻な」水危機に直面していた。それによれば、三年にわたる旱魃の影響で、政府は芝生の散水を全国的に禁止することを考えざるをえなかった。

イスラエルは国内の年間給水量の約半分をガリラヤ湖から取水する。この湖にはヨルダン川が注いでいるが、近年この湖の水位は危険なレベルまで低下し、塩水も浸入している。残る半分の水は二つの帯水層――山岳帯水層と沿岸帯水層――から取水する。両帯水層の水の大部分は、多くの問題を抱えるヨルダン川西岸地区とフーラ盆地の住民と農家に供給される。一九四八年のイスラエル独立戦争以前にシリア領だったフーラ盆地に関しては、帯水層からの取水に依存した大規模な農業が水源を荒廃させた経緯があった。

パレスチナとヨルダンでも似たような荒廃が認められる。パレスチナのガザ地区は世界でも特に人口増加率が高く、人びとはほとんど地下水に依存している。しかし、地中海から浸入した塩水が内陸一マイルの地点で見られ、この国の地下水がいずれ完全に塩水化すると予測する専門家もいるほどだ。ヨルダンで唯一の地表水源はヨルダン川だが、イスラエルが南部の灌漑計画のために分水を始めてから水位が低下した。いまや五〇年前の八分の一の流量しかなく、ヨルダンはかぎられた帯水層系の過剰揚水を余儀なくされている。補充率を二〇パーセントも上回る速度で地下水を利用しているのだ。ヨルダン川の分水による副作用は死海への影響だ。NGO「地球の友・中近東」によれば、過去三〇年間で二五メートル以上も低下した死海の水面はさらに下がりつつある。死海は死にかけていると、このNGOでは言われているのだ。

ヨルダンの別の場所では、国民にとって象徴的な意味をもつ地下水系が破壊された。ヨルダンの砂漠の奥深くにあるアズラック・オアシスは、何世紀にもわたって、動物と渡り鳥、そして人間の休息の場だった。ヨルダン人にとって計り知れないほど大切なこのオアシスは、一九七七年に国際的な湿地遺産に指定された。だが、ヨルダンは水欲しさのあまり、二〇年前にアズラックの水に手をつけ、首都アンマンに毎時九〇〇立方メートルの水を送るようにした。数年して多くの井戸が掘られ、三倍近くも揚水できるようにした。持続可能な水量の二倍である。

これらは人間が行動を変える教訓にはならなかった。通常の水源を使いはたし、沿岸帯水層からも過剰に取水したリビアは、一〇年前にサハラ以南の帯水層から取水することにした。チャド、エジプト、リビア、スーダンの地下にあるこの地下水はヌビア帯水層と呼ばれ、世界でも特に広大である。リビアは韓国の巨大コングロマリットに総延長一八六〇キロのパイプライン建設を推定三二〇億ドル強で発注した。サハラ砂漠のクフラ盆地の帯水層から取水した淡水でリビア北部の農村と都市の水をまかなうのが目的である。

この帯水層からは、すでに毎年一〇億立方メートルを上回る水が採取されている。フルに操業するようになれば帯水層から揚水される水量は年に四〇〇億立方メートルだが、これは大河川の流量に等しい。リビアの国家元首カダフィ大佐は、この計画を「人工大運河計画」または「世界の八番目の奇跡」と呼んでいる。この分だと、四、五〇年後にはこの帯水層は枯渇するかもしれない。そうなると、リビアだけでなく近隣諸国にも影響がおよぶのである。

中国の「驚異」

報告されているなかで最も憂慮すべきは、世界最大の人口をもつ国の水危機だろう。中国には世界人口の四分の一に近い人間が住むが、世界の総量の六パーセントしか淡水がない。おかしなことに、中国各地で井戸が涸れ、水位が下がり、河川や湖沼が干上がっている。残る水を採取しようと大規模な工業用井戸が地中深く掘り進まれるにつれ、多くの農村で井戸涸れ現象が見られるようになった。この国の西半分のほとんどは砂漠や山岳地帯で、一二億の人口の大部分は何本かの大河に依存しているが、これらの水系で総需要を満たすのは不可能なのである。一九七二年には、黄河の流れが史上初めて海に注がなかった。この年の断流日数は一五日だったが、それ以降は日数が増え、一九九七年は二二六日となった。

中国華北平原の穀倉地帯では、地下水面が毎年一・五メートルずつ低下しており、この地域の八ヵ所の帯水層で過剰揚水となっている。六〇〇を数える中国の都市のうち四〇〇は深刻な水不足に直面し、人口の半分以上が同じようにあえいでいる。政府が計画的に推進した政策によって、何百万という農家の利用していた水が北京に分水された。首都の地下水面は過去四〇年で三七メートルも低下した。北京の水危機は、首都の移転が検討されるほど深刻である。

中国の農業用水が急激に減れば、世界的な食糧危機が生じるとも警告されている。有限な水資源の利用が、農業から都市部の需要と重工業に移りつつあるが、中国は近い将来、深刻な穀物不足を経験するだろう。中国の政策立案者の推計では、水を農業よりも工業に利用すれば六〇倍の経済効果が上がる。政治指導者は農村部の水源を成長している産業基盤にますます分水している。だが、国内の穀物生産が不足すれば、輸入穀物への需要が世界の輸出可能な穀物供給量を上回る可能性がある。その場合、中国もしばらくは持ちこたえられるだろう。好景気と膨大な貿易黒字で、穀物を買う現金があるからだ。だが、こうした需要の上向きは輸入穀物の価格上昇を招く。そのために、第三世界の主要都市の多くで社会的かつ政治的な混乱が起こり、世界的な食糧の安全保障がゆらぐだろう。

非常警報

国連によれば、世界の三一ヵ国は現在「水ストレス」の状態にある。一〇億人以上にクリーンな飲料水が供給されず、三〇億人近くは衛生設備を利用できない。二〇二五年までに世界人口は二六億人も増えるが、その三分の二は深刻な水不足の状態におかれ、三分の一は極限的な水飢饉の生活を強いられる。水需要は有効水量を五六パーセントも上回るだろう。

人生の大半を北半球の先進工業国で過ごしてきた私たちの多くにとって、水が底をつく事態は想像しにくいものだ。私たちはおおむね安定した供給を受け、潤沢に水を利用してきた。だが、現在と同じように使っていけば、いずれは不足する。工業化と集約農業および人口増加が進んで水の利用が増えている一方、水資源は加速度的に減少している。帯水層の過剰揚水、急激な都市化、野放しの公害は世界が蓄えている水に負担をかけている。しかし、いまは蓄えを増やすことを考えるべきなのだ。次章で見ていくが、ウェットランドの喪失や有害物質の流出などの環境破壊も、世界に残された貴重な水資源を脅かしているのである。今日、この惑星における淡水危機は、いかに強調しても充分ではない。警報が鳴っている。私たちは手遅れになる前に気がつくのだろうか？

第二章　地球が危ない——グローバルな水危機が地球と生物種を脅かす

カナダの環境保護論者デービッド・スズキによれば、環境破壊は直線的に少しずつ進行するわけではない。そのため、私たちはその全貌を見るどころか、半分も見られないという。生態系は多方面から、さまざまな方法で攻められている。だが、その攻撃の正確な進行状態は監視できない。そのために、申し分なく見えていた生態系が、翌日には死滅してしまうこともある。

これを説明するため、スズキは講演会の聴衆に謎をかける。一輪のスイレンが咲いている池を想像してほしい、と彼は言う。増えすぎなければスイレンは美しい花で、数がコントロールされていれば、池との共存はうまくいく。だが池を覆いつくすと、酸素が遮断されて池は死ぬ。一輪のスイレンが咲いている池があるとする。このスイレンは六〇日の間に指数関数的に繁殖し、六〇日目には池を覆って池は死ぬ。では、五九日目の池はどんな様子だったか？　その日、スイレンは池の半分しか覆っていないから、問題はないように見える。それが答だ。

環境破壊が少しずつ進むなら、解決する時間も破壊にかかった時間と同じだけ見込めるだろう。「一足す一」だから、生じる問題を数えていけば、どれくらい危険かを視認できる。だが環境破壊が指数関数的に進めば、さまざまな問題の累積的な影響は、警告の有無にかかわりなく一挙に襲いかかる。この分析にならえば、水不足に関して、この惑星は五九日目の状態にあると、デービッド・スズキなら言うだろう。

淡水系は不均衡に豊かで、不均衡に危険にさらされる。海と陸にくらべれば面積は小さいが、生物種が生息する割合は高く、単位面積当たりの生物種の数は他の生態系よりも多い。陸地よりも一〇パーセント、海洋よりも一五〇パーセントも多いのだ。全動物種の一二パーセント（確認されている全魚種の四一パーセントを含む）は地表の一パーセント足らずの淡水に生息する。だが、ここ数十年で淡水魚種の三五パーセントは絶滅したか、絶滅が危惧され、また絶滅の危機に瀕している。淡水の動物相が消滅した生態系もある。北米の淡水動物は陸の動物の五倍も絶滅する危険性が高い。

それ以上に憂慮すべきは、生物種が失われる速度だ。『サイエンス』誌によると近年の絶滅速度は人類が出現する以前の一〇〇倍から一〇〇〇倍も速く、現在絶滅の恐れがない種が今世紀末までに絶滅した場合、その生物種の消失が全体の絶滅速度を加速させる。人類が出現する以前の一〇〇〇倍から一万倍になるのだ。スミソニアン研究所の生物学者ジョナサン・コディントンは「生物多様性の赤字」が生じるという。自然が新しい生物種や生態系をつくるよりも速くそれらが破壊されるのだ。これは地球上の淡水系に対する人間主導による一連の攻撃が蓄積された結果である。

汚水と化学物質

淡水生物種にとって最大の脅威は、無数の工場や都市、工業化された農業が引き起こす水の汚染である。これらの場所からは農薬、化学肥料、除草剤（硝酸塩とリン酸塩を含む）、細菌、医療廃棄物、化学物質、放射性廃棄物が投棄や漏出によって放出される。水中に入ったこれらの物質のために窒素やリンなどの栄養塩類や有機物が増えて藻類が繁殖し、その藻が水中の酸素を奪う。感染症を引き起こすクリプトスポリジウムなどの病原体の発生源となるほか、動植物の生息域に沈殿物が堆積する原因になっている。藻が酸素を消費する速さは生物化学的酸素要求量（ＢＯＤ）と呼ばれ、汚染の目安となる。全体としては過栄養化または急速に進む富栄養化と呼ばれる。

水系汚染物質のなかには空気から入るものもある。工場から出る煙や車の排気ガスは大気中に排出される。酸性雨は排気ガスに含まれる硫黄酸化物や窒素酸化物が雨にとけて発生する。次に、酸性雨は地表に降って、地表水が酸性になり、湖とそこに生息する生物を殺す。カナダには酸性雨が原因で魚種が四〇パーセントも減った湖もある。

汚染物質は多様な方法で地下水に入る。漏れやすいガソリンタンクや市町村のラグーン（糞尿貯留池）、埋立地、家畜飼育場から出る廃水、鉱山の選鉱屑、汚水処理用の浄化槽の破損、石油流出、農薬排水、そして道路凍結防止用の塩も地下水の汚染源になる。これらから出る浸出水は雨が降ると地下水に運ばれる。その影響が最も顕著なのは不圧帯水層だ。ガソリンのように水よりも軽い汚染物質は、帯水層または地下河川の表面に浮いているが、そこからベンジンなどの化学物質が帯水層中に漏出する。重い汚染液は沈殿する。

『ナショナル・ジオグラフィック』誌によれば、毎年アメリカ全土で約五億キログラムの除草剤や殺虫剤が使われ、その大部分がアメリカの水系に排水されるという。これらの汚染物質が原因でアメリカの河川の四〇パーセント近くは釣りや遊泳、飲用に適さないだけでなく、魚などの水生生物は廃棄された有害物質を運ぶ生きた運搬車と化している。淡水魚の三七パーセントは絶滅の恐れがあり、ザリガニの六四パーセントと両生類の四〇パーセントは絶滅の危険にさらされ、淡水イガイの六七パーセントはすでに絶滅し、あるいは絶滅の危機に瀕している。

メキシコとアメリカとの国境沿いには、驚くべき低賃金で働く人びとがいる。彼らはマキラドーラ保税地区で世界市場向けの製品をつくっている。この地域は産業廃棄物や屎尿《しにょう》だらけだが、近くの河川に浸入する廃水と汚水のうち、処理されるものは三分の一にすぎない。ある環境団体は、この国境を「全長三四〇〇キロのラブ・カナル（汚染事故で有名な運河）」と称している。ジョシュア・カーライナーは、この地域の淡水系破壊について書いている。メキシコのバハカリフォルニア半島からアメリカのインペリアル・バレーまで伸びるニュー川の水には、一〇〇種類以上の有害化学物質が含まれ、川に近づくのも危険だとして保健所が注意を喚起した。政府による調査で、マキラドーラの工場群の七五パーセントが有害廃棄物を河川に垂れ流していることがわかった。それでも、この地域の河畔には大勢の人が住んでいるのである。

世界の有害水系

今日、世界の水路は近代産業が生みだした有害汚染物質という問題を抱え、しかもそれが解決するかどうかわからない。国連工業開発機関（UNIDO）によれば、産業活動は二〇二五年までに現在の二倍の水を消費し、産業汚染は四倍に達するという。未処理の汚水も各地の水路破壊の要因となっている。第三世界の廃水の九〇パーセントは未処理のまま近くの河川に流出する。アフリカのビクトリア湖も危ない。この湖を囲むケニアとタンザニアおよびウガンダの都市は、何百万リットルもの生ゴミと産業廃棄物をこの湖に垂れ流している。セネガルとニジェールの両河川には魚がほとんどいない。中国の主要河川の八〇パーセントは魚が生息できないほど環境が悪化した。長江（揚子江）には毎日四〇〇〇万トンの産業廃棄物と生ゴミが捨てられ、黄河は灌漑にも使えぬほど汚染された。

インドのガンジス川とブラマプトラ川も同様で、細菌と排泄物が多量に混入している。ヤムナ川には首都デリーの下水道から毎日二億リットル近くも未処理の汚水が流入し、河川環境が悪化した。ダモダル川も同じだ。中国を除いて、インドはアジアで最も水が汚染されている。ムンバイ（ボンベイ）やチェンナイ（マドラス）、コルカタ（カルカッタ）の海岸は悪臭を放ち、多くの人びとが身を清めるために訪れる聖なるガンジスも排水溝でしかない。

日本の水汚染は、産業排水に含まれる塩素系溶剤が一因だ。ジャカルタとバンコクおよびマニラでは、廃液や固形廃棄物が河川に捨てられて、コレラや腸チフスなどの飲料水媒介病原菌が発生した。中国に発し、ミャンマー（ビルマ）、ラオス、カンボジアを流下し、タイとベトナムの一部を通るメコン川は産業廃棄物と屎尿で流れがよどんでいる。

ヨーロッパ東部には、生態系が死んでしまい危険なほど汚染された河川や湖沼が非常に多い。ポーランドの河川の四分の三は化学物質や汚水、農業排水で汚染され産業用にも使えない。チェコとスロバキアの河川も同じだ。ブルガリアの首都ソフィアは、一九九五年の水不足で断水し、二、三日おきにしか水道が使えなかった。モスクワの上下水道処理システムの半分近くは機能しないか故障しており、湖沼と河川の七五パーセントは飲用に適していない。

ヨーロッパの他の国では、有名な河川の水位が低下した。イギリスの主要な三三本の水路は流量が減少している。平均水位が三分の一以下に減ったものもある。一〇〇年前には、オランダとドイツのライン川だけで毎年一五万匹のサケが獲れたが、一九五八年にはサケがいなくなった。開発によって、ライン川は元の氾濫原の九〇パーセントから切り離され、河岸には世界の化学工場の二〇パーセントが林立している。ライン川はヨーロッパで最も人口密度が高くて工業化が進んだ地域を流れており、多くの排水が捨てられている。一方、南東の「美しく青きドナウ」では、二五年の間にリン酸塩と硝酸塩がそれぞれ六倍と四倍に増え、観光と漁業は大打撃を受けた。これらの川は廃水を海に運ぶ。そこに侵入種や恐るべき藻の繁殖域ができる。近年、カウレルパという恐るべき藻が、地中海全域で毎日約四ヘクタールの速度で繁殖し、海岸一帯の海洋生物を脅かしている。

豊富な水資源をもつカナダでは、毎年一兆リットル以上の未処理の汚水が水路に流される。これほどの水量なら、カナダを横断する国道の「トランス - カナダ・ハイウェイ」のすべてを二〇メートルの深さで満たせる。カナダのような先進工業国の汚水は、屎尿だけではない。二〇〇一年に発表された「全国汚水調査報告書（二）」で、シエラ・リーガル・ディフェンス・ファンド（SLDF）はこう説明している。「汚水の実態——水にまじった屎尿とグリース、エンジン・オイル、シンナー、凍結防止剤など有害廃棄物と家庭ゴミ——を考えるにつけても、憂慮すべき情報を入手したと思わざるをえない」。処理されても安全とはかぎらない。大便に含まれる大腸菌は排除できるが、廃水中の有害化学物質は除去できない。ケベック州の環境省による二〇〇一年七月の水質調査によれば、州内の湖沼と河川に流される水は高度の浄水処理をしても、まだ非常に有害だという。農薬、産業廃棄物、ヒ素、金属類は、いずれもセント・ローレンス川に流入する「処理した」水から検出されたものだ。

合成化学物質が原因で、人間が水路を利用できずにいるのに、環境に浸出する量は減らない。世界で毎年二兆ドル近くの化学物質が製造されており、その多くが私たちの水に混入する。メキシコの保税地区の例では、一九九四年の北米自由貿易協定（NAFTA）の調印以降、有害化学物質の製造は三倍に増えた。メキシコの太平洋沿岸にあるバハカリフォルニア半島では一二〇〇ヵ所の工場が毎年三万六〇〇〇トンの有害残留物を生みだし、カリフォルニア州サンディエゴ郡はもっと多く、二〇〇〇年には一六万トンだった。北米のすべての人が少なくとも五〇〇種類の化学物質を体内に蓄えているが、どれも第一次大戦以前には知られなかったものだ。

集水域を害する別の化学的危害《ケミカルハザード》には、湖や河川に流れこむパルプ工場や製紙工場の排水がある。パルプ製造と製紙業は大量の水を使い、酸素を欠乏させる排水を水路に流し、大量の藻を発生させる。塩素漂白の過程で生じ、最も危険な毒素として知られるダイオキシン類とフラン類は、地表水と同じくらいに地下水を汚染する。カナダの水系に流される廃棄物の半分強はパルプ製造と製紙業のものだという。

林業とは違い、農業は比較的環境にやさしいと考えられてきた。だが、大規模農場は家畜を工場のような飼育場に押しこんで大量生産し、そこで膨大な糞尿を生じさせ、その量はアメリカの屎尿の一三〇倍以上だ。テキサス州だけで年に一二七〇億キロの糞尿が生じると推定されるが、これはテキサス市民一人当たり一八キロだ。工業化された北米の畜産業では、ラグーンに膨大な量の液状糞尿（スラリー）を貯留しているが、そこから四〇〇種類以上の危険な揮発性化合物が大気に放出される。

抗生物質が混入した糞尿は、地下水や地表水に浸入するが、漏出ないし流出によることもある。一九九八年に、ジョンズ・ホプキンズ大学のデービッド・ブルベイカーが報告したところでは、ミネソタ州で発生した約三八万リットルの流出事故で七〇万匹の魚が死に、インディアナ州では一九九七年だけでこのような流出事故が二〇〇〇件以上も起きた。二〇〇〇年の夏、ノース・カロライナ州を襲ったハリケーン「ミッチ」は、一〇〇ヵ所以上のラグーンを破壊し、州内に有害物質をばらまいた。その夏、カナダでもオンタリオ州パルミラにある五大湖養豚場から豚の糞の流出事故があった。カリフォルニアでは過剰利用の問題があるオガララ帯水層に畜産業の排水が漏出した。有害汚泥の漏出もある。耕地に汚泥をまく農場が増えたからで、これはいまや常識だ（カナダは同じことを人間の屎尿を使ってやっている！）。

農場が糞便を出さなくても、食糧を大量生産する過程で環境に放出される膨大な量の窒素という問題が残る。窒素肥料を使う集約農業は自然の窒素バランスを乱し、水源を汚した。自然の状態では、私たちが呼吸する空気に七九パーセントの窒素が含まれるが、これは無害である。ミネソタ州ミネアポリス市にある農業貿易政策研究所（ＩＡＴＰ）によれば、地球の生態系を人間が支配する以前、窒素の主要発生源は自然界の生物だったし、地球もこの化学物質を効率よくリサイクルできた。余剰窒素は微量だった。だが、窒素肥料など製造された窒素の大量利用は環境に放出される量を倍増させた。

水と土壌のサイクルに含まれる窒素量の倍増は、地球の生態系に重大な影響をおよぼした。水中に含まれる余剰窒素が酸素の量を減らすとともに、酸素依存型の生物種の代謝と成長に影響し、それが酸欠状態を招く。合成肥料が水系におよぼした影響の恐ろしい例がある。アメリカ中西部一帯にまかれる硝酸肥料（窒素を含む）の多くは、小川や支流からミシシッピ川に浸出する。排水される窒素はすべて川を下ってメキシコ湾に流れ、そこで一万八〇〇〇平方キロにわたって「酸欠海域」を形成する。そこに生存できる生物は皆無だ。

化学肥料は水質汚染の悪玉だが、環境破壊を招く他の「添加物」にもひどいものがある。ビニール袋と処方薬だ。ビニール袋は毎年何兆枚も製造される。自然に分解するまで土中で一〇〇〇年、水中で四五〇年かかる。処方薬は化学物質とホルモンを水道システムに漏出して悪い影響をおよぼすのである。

五大湖を失う

一万二〇〇〇年から二万年前に氷河が融解して生まれた五大湖には、地球の淡水の二〇パーセントがあり、世界最大の淡水系を形成する。この淡水湖群はきわめて深く広大で、毎年新たに補給される水は上部七五センチ（総水量の一パーセント）にすぎない。だが、どの湖のどの水位からも高濃度のダイオキシン、ＰＣＢ類、フラン、水銀、鉛など有害な化学物質が検出された。見つかったのは五〇年前からで、産業や都市の汚染源から出たこれらの化学物質は、汚染された地下水や表面流、流入する川や支流、また空気を介して湖群に達した。

毎年、五〇〇〇万トンから一億トンの有害廃棄物が周辺の集水域から発生し、農薬だけで二五〇〇万トンに達する。カナダとアメリカが合同で五大湖を管理する国際合同委員会（ＩＪＣ）は、原子力産業が出す放射性廃棄物もこの湖群に蓄積していると、報告している。また米環境保護局（ＥＰＡ）の指摘では、五大湖の周囲に危険な化学物質を含む産業廃棄物を放出する汚染サイトが一〇万ヵ所もあり、そのうち二〇〇〇ヵ所が地下水を直接汚染している。

多くの毒素はいつまでも分解されず、生物濃縮と呼ばれるプロセスによりさらに濃縮される。汚染源から食物連鎖の頂点にいる人間までの濃度増加量は、最高で一〇〇万倍になりうる。カナダ環境省によれば、ミシガン湖で獲れたマスを食べる人は、この湖から取水された飲料水を一生飲んだ場合に摂取する以上のＰＣＢ類を、一回の食事で取りこむことになるという。

五大湖が共通の産業廃棄物投棄場として使用されてきたため、いまや遊泳や飲用、水生生物の生命維持に適した湖岸線は、全体の三パーセント以下になった。アメリカのＮＧＯ「ザ・ネイチャー・コンサーバンシー」は、五大湖の水系内で危険にさらされる一〇〇種の生物種と三一の生態学的集団を確認しており、その半分は五大湖の固有種だと指摘した。影響される生物には、セント・ローレンス川の絶滅危惧種シロイルカ（ベルーガ）もおり、その体内からは五大湖の有害化学物質が検出された。

　五大湖の水も失われている。原因の一部は地下水の採取にある。地下水源になっているのは、アメリカ側から五大湖に流入している水量の約半分、カナダ側からの約二〇パーセントである。この地域の地下水をめぐる競争は、五大湖の重要な補充源を枯渇させる。地球温暖化による被害も甚大だ。スペリオル湖は一九二六年以来の最低水位を記録し、かつて広範囲を覆っていた氷は、一九九三年より九四年にかけての冬から毎年減少している。「グレート・レイクス・ユナイテッド」（アメリカとカナダに会員をもつ環境保護団体）の予測では、現在のペースで地球の温暖化が進めば、五大湖の水温は今後一〇〇年間に九度以上上昇し、水位も平均して一メートル低下する。特にミシガン湖の水位は二・五メートルも下がる。

　年月の経過とともに、五大湖はさらなる危険に直面する。かつて岸沿いに広がっていたウェットランドは厳しい気候を和らげ、湖岸線を波から守っていたが、それが埋め立てられたのだ。この自然の障害物は、産業化と都市化によって徹底的に破壊され、いまやもとの湿地はわずか二〇パーセントしか残っていない。この二〇パーセントも毎年八〇〇〇ヘクタールずつ減少しているのだ。

ウェットランドの喪失

北米一帯のウェットランド（沼地や湿地）は浸食を防止する自然の障害物という役割をはたし、魚類や両生類の生息域と渡り鳥の中継地となってきた。ウェットランドは北米大陸で商業捕獲の対象となる魚の九五パーセントにとって主な生息域であり、絶滅危惧鳥類の過半数の聖域となっている。ウェットランドの生物多様性は熱帯雨林のそれに匹敵する。ウェットランドは降雨による余剰水や雪解け水をスポンジのように吸収して洪水を防ぐ。濾過機能もあり、望ましくない流出水が湖沼や河川へ流れる前に、泥、農薬、化学肥料を除去してくれる。水が浄化されれば、沼沢や湿地は貯水域の役割をはたせる。

常識的に考えればこの貴重な資源は保全すべきなのだが、現実には半分くらいのウェットランドがここ一世紀の間に世界全体で失われた。アジアでは産業の拡大、都市化、灌漑の犠牲になって、毎年五〇〇〇平方キロ以上のウェットランドが破壊されている。アメリカでは、毎分一ヘクタールが失われている。アメリカの本土全体で、半分以上のウェットランドが消滅した。カリフォルニア州は九五パーセントを失い、急成長をとげているフロリダ州では、マサチューセッツとデラウェアおよびロードアイランドの三州を合わせた以上の面積が破壊された。

カナダでは、ジェイミー・リントンが水系乱用の憂慮すべき実態を立証した。リントンがカナダ野生生物連盟のために実施した調査で、カナダ東部諸州が六五パーセントのウェットランドを失い、オンタリオ州南部は七〇パーセント、プレーリー諸州は七一パーセント、ブリティッシュ・コロンビア州のフレーザー川デルタは八〇パーセントを失ったことがわかった。

森林伐採

森林も淡水資源の保護と浄化に重要な役割をになっている。ウェットランドと同様、森林は湖沼や河川に流出する前に、汚染物質を吸収し洪水を防ぐ。旱魃と大雨のサイクルが大きく変動する南国では、洪水を防ぐ役割が特に大きい。森林を伐採しつくしてしまうと、地域集水域の健全性を損なう恐れがあるが、充分に配慮して伐採するか自然の状態のままにしておけば、森林は河川とその集水域の安全弁として機能する。

多様な動植物種を誇るアマゾンの雨林も、アマゾン川とその周辺地域にとって緩衝帯の役割をはたす。アンデス山脈から大西洋に流れる全長六五〇〇キロのこの大河は海洋に注ぐ総淡水量の五分の一の流量をもち、魚類だけで三〇〇〇種に生息域を提供する。乾季には、アマゾン川周辺の森林は乾ききっているが、雨季（五ヵ月から七ヵ月ほどつづく）には川の水位が約九メートル上昇する。緩衝帯がなくなれば大きく増水するので、川岸の土砂は流されて周辺地域の土地が破壊される。アマゾン雨林の植物や樹木はこれを防止するのだ。ブラジルの気候学者ルイス・カルロス・モリオンによれば、こうした浸水林はこの地方の降雨の約一五パーセントをとどめ、雨季の雨を吸収して侵食を防いでいる。雨林を伐採すれば、毎年一ヘクタール当たり四〇〇〇立方メートルの雨が地面に降り注ぎ、侵食のために土砂がアマゾン川に流される。

アマゾン熱帯雨林の破壊は全生態系のバランスを乱すのだが、森林伐採は急増している。アマゾン下流の三分の一には、浸水林が一五パーセントから二〇パーセントしか残っていない。毎年、最大一七〇〇万ヘクタールの熱帯雨林が破壊されるのだ。ブラジルだけでも六〇〇万ヘクタールが消失しており、北部のパラ州とマラニャン州はわずか数十年間でグレートブリテン島と同じ面積の森林域を失った。

この大陸の反対側に位置するカナダには、世界を覆う森林の一三パーセントがあるが、ここも同じ状況だ。森林伐採は加速し、年に一〇〇万ヘクタール以上の森林が失われている。カナダ「シエラクラブ」のエリザベス・メイは、この国の森林伐採の約九〇パーセントが皆伐《かいばつ》であり、年間伐採域のおよそ九〇パーセントは、初めて商業的な伐採が実施されたところだと報告した。集水域内で森林が皆伐されると、土砂が流入して水生生態系が破壊され、湖底や川底を覆う土砂は生息する生物を窒息させる。皆伐後に発生しやすい地滑りは土砂に含まれる汚染物質を、クリーンな水路へ流出させる。

二〇〇一年八月、国連環境計画（UNEP）は「世界に残存する閉鎖林の現状に関する評価」と題する報告書で不吉な警告を発した。UNEPは集水域と生命を維持できるだけの林冠で覆われた森林がどれくらい残っているかを調べたのだ。それによれば、維持可能な森林で覆われた陸域は元の五分の一しか残っていない。UNEP事務局長は「人間と政府の姿勢が変わらなければ、地球に残る閉鎖林と生物多様性は今後数十年で消滅する」と予想している。

地球温暖化

科学者の間では、地球温暖化ないし気候変動として知られる現象について意見が一致している。半世紀前から人間が大量の温室効果ガス（二酸化炭素、メタン、亜酸化窒素、フロン）を大気に放出してきたことが悲惨な結果を招いたのだ。地球を覆っている森林を破壊するにつれて地表の温度は上昇し、同時に化石燃料による温暖化ガスの放出も大気に負担をかけた。その結果が地球の温暖化だ。

国連の「気候変動に関する政府間パネル（ＩＰＣＣ）」によれば、地球の平均気温は工業化以前の平均を〇・六度上回った。このまま放出量が増えれば、温室効果ガス濃度は二〇八〇年までに工業化以前の二倍に達するとされるが、過去数百万年間にこれほど高くなったことはない。二倍になれば、地球の気温は平均して二・五度上昇し、場所によっては陸地で四度も高くなる。わずかな上昇率と思われそうだが、一万四〇〇〇年前に地球の表面温度が四度ほど上昇しただけで氷河時代が終わったのだ。極地が溶解し、海面はすでに上昇している。過去の千年紀で最も温暖だった世紀が二〇世紀で、過去の千年紀で最も温暖だった一〇年が一九九〇年代、その一〇年間で最も温暖だった年が二〇〇〇年で、二〇〇一年はもっと暖かだった。二〇世紀に海洋の水位は約一〇センチ上昇した。

ここで重要なのは、地球温暖化が淡水源におよぼす影響である。すでに危険にさらされているウェットランドは、増大する旱魃の悪影響をこうむるだろう。イギリスの環境シンクタンク、ハドレー・センターによれば、海面が上昇すると、沿岸のウェットランドは二〇八〇年までに四〇パーセントから五〇パーセントが失われる。直接危険にさらされているのが、渡り鳥の中継地となっている、オランダとドイツとデンマークの広大な干潟と塩性湿地や砂丘だ。エジプトのナイル川デルタ、ローヌ川のラカマルグ・デルタ、ポー川デルタ、エブロ川デルタなど地中海のウェットランドも危険にさらされ、イギリスの一万三〇〇〇ヘクタールの海岸線の存続が危うい状況にあり、そこには野生生物が生息している。また、アフリカ西海岸、東アジア、オーストラリア、パプアニューギニアのマングローブ林が消滅すると予測される。

　温暖化によって地球の表面温度が上昇すると、水循環を維持するのに必要な土壌水は蒸発しやすくなる。地表水も以前より多く蒸発し、淡水補充に必要な積雪も減る。雪解け水が湖まで流れていくかわりに蒸発するのだ。湖も一面に凍らなくなると問題が生じる。氷層下の水はゆっくり蒸発し、蒸発しない分は地面に滲みこむ。氷量の減少は、大気に蒸発する水量を増やす。同様に、氷河時代の氷河がとければ、融解水が補充している河川系の水が失われる。

　湖の滞留時間にも温暖化は悪影響をおよぼす。水はつねに同じ場所にとどまらないが、ある期間、特定の場所に水の分子が滞留することはある。E・C・ピルーの説明によれば、滞留時間とは特定の水分子が湖にとどまる平均時間で、水が流出する速さで湖の貯水量を割って算出する。カナダ北西部では、気候変動がすでにいくつかの湖の滞留時間を劇的に変化させた。この地域の降雨量が毎年一〇〇〇ミリから六五〇ミリ近く減り、平均より高い気温が湖の蒸発を加速させるという報告もある。その結果、調査の対象となったある湖の滞留時間は一五年間で五年から一八年に増えた。この湖の水が入れかわるのに数年前の四倍近い時間がかかることになる。

世界の淡水不足の最大かつ唯一の原因が地球温暖化だと主張する科学者は、大きな湖沼や河川付近の地下水面が下がると言う。ハドレー・センターの予測では、二〇五〇年までにアマゾン川流域の大部分が温暖化のために砂漠化する。またサウサンプトン大学のナイジェル・アーネル博士は、その年までに温暖化による影響だけで六六〇〇万人が「水ストレス」にさらされ、一億七〇〇〇万人が深刻な状態におちいると言っている。

過剰な灌漑と持続できない農業

水資源が減少した場所では、解決策として人びとは灌漑を行ってきた。これは一見好ましい選択のように思えるが、灌漑の長期的な影響には驚くべきものがある。サンドラ・ポステルは世界中の灌漑様式を太古に遡って研究し、灌漑がいつも有益とはかぎらなかったことを知った。多くの人間に食糧をもたらし、砂漠を緑化できることもあるが、大規模な灌漑自体が破壊を招くのだ。乾燥地帯で作物の栽培に水を使うと、土地の過剰耕作が生じ、土壌は微粒子に分解されて風に吹かれ、残されるのは干上がった土地と旱魃の被害だ。適切な排水をせずに広範に灌漑すると状況はさらに悪化する。どんな水も塩分を含んでいるので、排水せずに灌漑水を用いれば塩分が残る。それが蓄積し、やがて農地として使えなくなる。人間が原因の旱魃とあいまって、土壌の残留塩分は中国、インド、パキスタン、中央アジア、アメリカで深刻な問題となっている。これは世界の農地の五分の一に影響し、毎年一〇〇万ヘクタールの農地が放棄されている。

またサンドラ・ポステルは『水不足が世界を脅かす』で、灌漑の利用が世界的に増加した経緯について考察した。一八〇〇年の総灌漑面積はわずか八〇〇万ヘクタールだったが、現在は灌漑基盤が三〇倍に達した。アメリカだけでも灌漑用に利用されている土地は過去三〇年で倍増し、人類は食糧の四〇パーセントを灌漑農地から得ている。灌漑農地の急増にそなえ、中国は四〇年間で二〇〇万本以上の井戸を掘った。今日、世界には二億三〇〇〇万ヘクタールの灌漑農地がある。二世紀前にはわずか六〇〇万ヘクタールだった。

二〇〇一年六月の国連食糧農業機関（ＦＡＯ）の報告では、乾燥した国に一〇億人が住んでいる。そんな国の土地は乱用のために荒廃し、充分な食糧が生産できない。いまや一〇〇ヵ国以上で砂漠化面積は三六億ヘクタールに達し、事態は悪化しつつある。過剰灌漑の極端な例では、全水系が干上がった地域もある。チャド湖がその一つで、アフリカ中央部のこの湖は、一九六〇年以降、湖水面積が九〇パーセント以上も縮小した。その元凶が灌漑とされている。

イラン北部を流れるザーヤンデ川も完全に涸れた。理由は不適切な灌漑方法だ。この川はイラン北部中央のイスファハンに住む人びとを支えていた。それが涸れて、一〇万人が離農を余儀なくされ、あとには黄塵地帯を見下ろす昔の橋やアーチが残った。

だが、誰もが認める最悪のケースはアラル海だろう。アフガニスタンとイランおよび旧ソ連の五ヵ国にまたがる低地である。内陸塩湖であるアラル海の面積は、かつて世界第四位だった。ここにはアムとシルの両河川が注いでいた。旧ソ連の政策立案者はアジアの中央高原地帯とウズベキスタンおよびカザフスタンを灌漑したいと考えた。輸出用の綿花を生産するのが目的だった。彼らは集約的な灌漑と農薬や除草剤の多用に支えられる機械化農業のシステムをつくった。しばらく、この政策は経済的にプラスとなり、一九四〇年から一九八〇年の間にソ連は世界第二位の綿花生産国となった。しかし、環境と長期的な繁栄という観点からは、この実験は大失敗だった。

アラル海は総水量の八〇パーセントを失っただけでなく、残る水は昔の一〇倍もの塩分を含むようになった。周囲のウェットランドは八五パーセントも縮小し、ほとんどの魚類と水鳥の種が死滅し、漁業は崩壊した。気候を和らげる湖の好ましい影響がなくなり、この地方の気温は乱高下し、食糧を生産できる季節も短くなった。毎年、風が乾いた湖底から汚染物質を含む塩分を四〇〇〇万トンから一億五〇〇〇万トンもまき上げ、周辺の農地にまき散らす。多くの「環境難民」がこの地域から逃げた。残った人びととの間では癌の発生率が高く、農薬の多用もその原因と考えられている。しかも、いまは無人となったアラル海の島は、かつてソ連が生物兵器の実験および研究用に使用していたのである。湖水面積が縮小しつづければ島と本土が地続きになる日も遠くない。そうなると島の細菌や汚染物質が本土に広がりやすくなる。一九八七年刊行の雑誌記事のなかで、政府の水政策立案者はアラル海の死が間近に迫ったと宣言している。「アラル海が美しい死を迎えますように。もう使い道はありません」と書いてあった。

カナダの農家や政治家は、将来の対策として大規模な灌漑を検討している。これについては、深刻な水不足の原因になると指摘されるほか、他国の灌漑農地の問題が起こるという警告もある。その例として科学者があげるのは、カリフォルニアとアメリカ中西部とロッキー山脈の東に広がる大草原地帯、グレートプレーンズだ。カリフォルニア州は何十億ドルも使って、水源からおよそ九〇〇キロも離れた場所まで川を分水した。中西部は自然から盗んだ水で緑化された。アメリカの穀倉地帯であるグレートプレーンズでは過剰耕作が限界まで行われている。

かつてグレートプレーンズは地味が肥え、栄養物の広大な貯蔵庫だった。最初の鋤が入った一八五〇年代以降、豊富な資源に誘われて飢えた人びとが世界中から集まり、肥沃な土地を耕した。だが近年、集約的な農業と化学肥料や農薬の害があらわれた。農地の過剰耕作が土壌の劣化と侵食を招き、毎年一エーカー当たり七トンの表土が失われ、いまでは表土の三分の一とグレートプレーンズの農地にあった栄養物の二分の一が消滅した。

この農耕法を奨励しているのがアメリカ政府である。政府は作物補助金や租税優遇措置というかたちで年に二八〇億ドルをこの地方の農家に与えている。害のある農耕法とわかっていてもやめられないのだ。こうなると農地でなく「政治を耕している」ことになり、害のある農耕法に頼れば、また水を無駄にすればそれだけ金が入る仕組みなのだ。カリフォルニアのほとんどの農家は、実際にかかった灌漑費用の二〇パーセント以下しか払っていない。そして半乾燥気候の地方に適した作物を植えずに綿花を育てている。肉牛の牧草となるアルファルファもそうだ。一トンの牛肉の生産に最低一万五〇〇〇トンの水が必要だが、一トンの綿花を生産するにもそれくらいの水が必要だ。小麦や大豆を生産するにはその二パーセントの水があれば足りるのに、アメリカ政府はこれらの作物に補助金を出しつづけ、水の無駄と表土の侵食を無視する農家に金を払うのだ。これはアメリカにかぎったことではない。

ダムとダム湖

増大する水需要に応えてダムをつくり、川を分水した政府は多い。最古の文明でもそうだった。古代人は水道橋をつくり、灌漑計画を立案した。記録に残る最古のダムは、四五〇〇年前のエジプトに建設された土ダムだった。だが高度な技術を用いたコンクリートの巨大建造物をつくり、流れの速い川の治水が行われて、自然な流路は失われた。

二〇世紀に入ると、八〇万の小型ダムと四万を数える大型ダム（四階建て以上）が建設された。このうちの一〇〇以上は高さ一五〇メートル以上のマンモス・ダムだ。一九五〇年以降に建設されたものが大半で、中国が最も多く、次いでアメリカ、旧ソ連、日本、インドの順となる。こうして世界の河川の六〇パーセント以上が治水された。

　ダムの建設にはいくつかの理由がある。水力発電、航行の安全確保、都市用水や灌漑用水の貯水、治水である。かつて自然征服の象徴だった大型ダムは、生態系への影響が明らかになり、評判を落とした。パトリック・マッカリーは、水没する土地を要することがダム湖の問題だと断言した。植生が水没すると、ある細菌が必要とする生息域ができる。この細菌は土壌に少しでも水銀が含まれると、それを吸収する。ダム湖はこの水銀を魚が摂取できるように変えるため、水銀が食物連鎖に加わる。生物的な濃縮のために、人間が食べるころには元の何倍も有毒になるのである。

　ダム湖は地球温暖化に加担している。水没した植生が腐敗すると大量の二酸化炭素とメタン、つまり二大温室効果ガスが大気中に放出される。水力発電所の稼動を可能にするダム湖は、ときに石炭火力の発電機と同じ量の温室効果ガスを放出する。マッカリーによれば、大規模な森林の水没で最も有名なのは南米のダム湖だ。スリナムのブロコポンド・ダムは一五〇〇平方キロの雨林を水没させた。国土面積の一パーセントである。

　ダムとダム湖は地域の生態系に大きく影響する。大量の堆積物は河床を埋没させて水路をつまらせ、海に到達しない川が増える主な原因にもなった。ダムは陽光のさす水の表面積を大幅に増やすため、特に高温の気候下では大量の水が蒸発することもある。毎年約一七〇立方キロの水が世界の貯水池から蒸発するが、これは世界全体で営まれる主要な人間活動が消費する総淡水量の約一〇分の一に相当する。蒸発のあとに多くの塩分が残る。世界の主要河川に見られるこの高塩分濃度がウェットランドや水生生物を破壊し、周辺の土壌を使えなくする。

魚への影響も大きく、特にサケのような回遊魚ではいちじるしい。ダムに泳ぎついたサケは死にものぐるいで跳ね上がるが、障害物を越えられず、もがいて死ぬものが多い。ダムの下流では水位が下がって魚の生息域が破壊され、水温が高くなると酸素の量が減り、やはり生息域を悪化させる。コロンビア川にダムができるまで、毎年二〇〇万匹の魚が放卵のために回帰していたが、いまやそれが半分になった。タイにパクムン・ダムが建設されたあと、ムン川に生息していた一五〇の魚種は全滅した。

工業国と非工業国のどちらも、国民の生命と幸せを脅かす有害な湖沼と砂漠化した農地、水を無駄にする農耕法によって行き詰まった。ウェットランドの排水やダムの建設のようなプロジェクトに出資して事態の改善をはかろうとした政府は、さまざまな制度の基盤構築に取り組んだが、それらは人びとのためになるどころか、逆に牙を剝き出している。これまでの方法が有害で、しかも壊滅的な影響をもたらすことがわかった以上、方向転換すべきだろう。だが惰性に流されて変革できないだけでなく、貪欲な企業と目先のことしか考えない政府は、二人三脚で水の汚染を加速させる。これでは水が減るばかりだ。政府と企業は、のちに高い代償を払わなければならないだろうが、一般市民はすでに苦しんでいるのだ。

第三章　渇きによる死――グローバルな水危機が人類を脅かす

グローバルな水危機は、世界中の人びとを欠乏と汚染という対をなす現実の狭間《はざま》に落としこみ、「生活の質」を痛烈に直撃している。実際に人口が増大する地域では、危機が深まるにつれ人間の生死まで左右しはじめているのだ。この危機によって、地域社会と社会階層の内部に、また国家間で、熾烈な競争と衝突の問題も生じるようになった。

メキシコとアメリカの国境沿いに広がり「マキラドーラ」と呼ばれる、保税加工工場地域は有毒物質の汚物溜めである。河川は汚染がひどく、クリーンな水を利用できる住民は全体の一二パーセントにすぎない。そして多くの家に下水設備がない。保税地区周辺のバラックや段ボールの住居群には、飲料水のトラックが週に一度だけやってくる。ここに五年の間に押し寄せた一〇〇万人以上の人びとにとって、水が手に入らないことが貧しさのあらわれなのである。

マキラドーラの危険な水と貧困に愛想をつかして、母国を去るメキシコの若者があとをたたない。彼らは夜ごと国境へ向かい、よりよい生活を求めてアメリカに密入国しようとする。ティファナやホアレスのような町の六車線道路の先の荒れ地には、夕暮れ時になると男たちがたむろしだす。コンクリートの急斜面の下にヘドロと未処理の下水が流れる水深約六〇センチの川がある。川の向こう岸は、最上部に電流の通った有刺鉄線と投光器をそなえる、垂直なコンクリート壁だ。川のヘドロにまじって、人間と家畜の糞便、使用済みのコンドームや注射針、膨大な生ゴミが悪臭を放っているが、男たちはここを走り抜けないと反対側に渡れない。足と靴はヘドロと汚水にまみれる。アメリカにたどり着くにせよ、国境警備隊に捕まるにせよ、彼らは危険で汚いこの川を通らざるを得ないのだ。

致死の水

地球に住む人間の半分は基本的な衛生設備と無縁である。彼らは水を飲むたびに、ワールドウォッチ研究所のアン・プラットが「水中の殺し屋」と呼ぶものを、摂取することになる。発展途上の南の貧しい国々で発生する病気の八〇パーセントが、安全でない水が原因で蔓延する。第三世界ではいまなお廃水の九〇パーセントを未処理のまま河川に流している。そのために、飲料水が媒介する病原菌と汚染が原因で毎年二五〇〇万人もの死者が出ているのだ。水質の低下は、多くの国で絶滅しかけていたマラリアとコレラや腸チフスが多発する原因になった。人口過密、衛生設備の不足、貧困という状況でこれらの伝染病は蔓延するのだ。

一九九一年に水質汚染によってコレラが発生した。中国船がペルーのリマの湾内で汚水を流した三週間後、沿岸にコレラが蔓延し急性の下痢やひどい脱水症状を訴える者が出て、それに死者がつづいた。

アフリカの人びとも多くの水因性疾患にかかっている。ビルハルツ住血吸虫症（ダムから引水する灌漑水にいる淡水のマキガイを媒介宿主とする病気）に二〇〇万人が感染したとされている。この病気は肝硬変や腸疾患の原因となるが、汚れた川で繁殖するブヨが媒介するオンコセルカ症には一八〇〇万人のアフリカ人がかかった。一九九七年のスーダン内戦から逃れた人びとは、難民キャンプで汚染された水を飲んで睡眠病に感染した。水中で繁殖するツェツェバエが媒介する難病だ。行政の予算削減が飲料水の質に影響してもいる。カナダでは、オンタリオ州政府が環境省の予算を大幅に削減し、そのために水の保全機構が水質検査技師を解雇し、政府職員が実施していた検査を民間に委託した。だが、連邦政府による一九九九年の調査で、重大な事実が判明した。オンタリオ州の農村の井戸が大腸菌で汚染されていたのだ。二〇〇〇年六月には、ウォーカートンという小さな町で、飲んだ水が原因で幼児を含む七人が死亡した。

話をアフリカに戻す。一九八〇年代から九〇年代にかけては、債務返済に追われる国々が水供給システムと衛生面での予算を削減していた。そのあとにつづいた悲劇を、カリフォルニアに本拠をおく水問題シンクタンクの責任者ピーター・グレイクが実証している。一九八〇年代のナイロビでは水に対する資本支出が五年で一〇分の一に減少し、ジンバブエ政府が揚水ポンプを維持する資金を半減させ、全国の村落の二割でポンプが故障した。キンシャサでは水の塩素処理ができず、赤痢の罹患率が高まり、コレラ患者と死亡者の数が激増した。

最近、南アフリカ共和国で大発生したコレラは、水道料金を払えない人に政府が水の供給を止めたことに関係があるという。クワズールー・ナタールの州民一〇万人以上がコレラにかかり、一〇ヵ月間で二二〇人が死んだ。世界銀行の指示で「費用回収」計画を実施した政府が、無料の水を使っていた州民への上下水道サービスを停止したためだ。

米環境保護局（ＥＰＡ）の推計では、アメリカの井戸の五割強が農薬や硝酸肥料で汚染されている。動物と魚や人間の体脂肪に蓄積されるテトラクロロエチレンとＰＣＢ類およびダイオキシンなどの農薬や化学物質は癌と関連づけられている。アメリカのＮＧＯ「社会的責任を負う医師の会」は、井戸水に含まれる高濃度の硝酸塩はメトヘモグロビン血症の原因になり、罹患者の八パーセントが死亡すると報告した。

水のインフラ管理の杜撰《ずさん》さによる病気もある。北の先進工業国で人口の半分以上、貧しい国ではもっと多くの人がピロリ菌の保持者だ。これは配水管に付着するヘドロのせいで、胃潰瘍や胃癌の原因になり、第三世界の塩素殺菌がなされていない井戸や水道に見られる。

水への不公平なアクセス

水危機から逃れられるところは世界中のどこにもない。自然資源防衛評議会（ＮＲＤＣ）によれば、豊かなアメリカでも人口の五分の一に相当する約五三〇〇万人が、鉛や糞便細菌などの汚染物質のまじった水道水を飲んでいる。米環境保護局によると、地下水源に関連した伝染病の大発生は、一九九五年から九八年までに三〇パーセント近く増加している。

一方では、水媒介の病気と水不足に直撃されるのが、最も貧しい国であることは確かだ。国連経済社会理事会が「持続可能な開発委員会（ＣＳＤ）」に提出した報告によれば、水ストレスに悩む人びと（世界人口の二六パーセント）の四分の三は第三世界に住んでいる。ＣＳＤの予想では、水ストレスにあえぐ低所得国の市民は、二〇二五年には世界人口の四七パーセントになる。住民の五〇パーセント強がクリーンな水にアクセスできない巨大都市の多くは第三世界にあり、最も人口増加率が高いのもこれら大都市のスラム街だ。

世界の人口は毎年八〇〇〇万人ずつ増え、減少している淡水を増えた人びとで分けあわなければならない。このことは、人口爆発の大部分が起きている第三世界の責任であると思う人もいるだろうが、北の諸国の住民が第三世界の人びとよりも多量の水を消費する事実は見逃せない。そして、世界で最も豊かな上位五分の一の国が、全消費財の八六パーセントを消費している。欧米の赤ん坊と南の諸国の裕福な家庭の赤ん坊は、水にアクセスできない南の赤ん坊よりも平均して四〇倍から七〇倍の水を消費する。北米人は一人当たり毎年一二八〇立方メートルの水を、ヨーロッパ人は六九四、アジア人は五三五、南米人は三一一、アフリカ人は一八六立方メートルの水を利用する。平均してヨーロッパ人は北米人の約半分しか水を消費していないが、それでも非工業国の国民よりも消費水準は高い。

北と南の消費水準の開きは、地域ごとの淡水量が違うこともあるが、それだけでは充分な説明にならない。地球上で最も乾燥した大陸に住むオーストラリア人は毎年六九四立方メートルの水（ヨーロッパ人と同量）を利用している。中国にはカナダと同じくらいの淡水があるが、住民の需要量と地表水の汚染のために水危機地域と見られている。

北の諸国には、不当に多い水の消費について責任があり、その原因の一部は個人の習慣やライフスタイルにある。いわゆる先進諸国の市民は、水があるのは当然で、高くても金を出せば買えると思ってしまうのだ。消費量が大きく開く別の要因は、産業による水利用である。グローバリゼーションにより地球上いたるところに産業化が広まっているが、ほとんどの産業はやはり北の諸国にある。そして、産業のあるところは水の消費がさかんである。第三世界における水利用はまだ農業が大部分を占めているが、産業は北米の農業と同じくらいでヨーロッパの農業の二倍近くの水を消費しているのである。いわゆる先進諸国の水資源は第三世界ほど不足してはいないが、消費主体の生活によって資源が無駄に使われているのだ。

北米とヨーロッパの人びとは、水不足につながる道を歩んでいる。これらの諸国には豊富な資源があると思われているが、現在のペースで消費すればやがて枯渇する。この傾向がつづけば、人はやがて水不足の惑星に住むことになる。人口過密のアジアと、アフリカおよびラテンアメリカでは工場式飼育場ができたことによって、人間と動物の排泄物の量が急増し、多くの人が大腸菌に起因する病気やコレラの危険に直面している。ところが、地元の行政は水道水の塩素処理にかかる費用をまかなえない。汚染された地表水の問題を避けて帯水層や手押しポンプに転換した地域社会では、地下水に化学物質や人間の屎尿が滲みこんでいたため、その水も危険になった。中国人の八〇パーセントは汚染された水を飲んでいる。パプアニューギニアには水が豊富にあるが、クリーンでないために住人の四分の一が危険な状況にある。インドでは人口の七〇パーセントが満足な下水道設備を利用できないでいる。フィリピンのマニラでは、住民の四〇パーセントが水不足をかこっている。また、第三世界の都市の多くでは、配水が一日数時間か一週間に数日に制限されているのである。

エリートの特権

世界的な水配分の不平等は、工業国と非工業国との間に存在する不公平と並行しているが、個々の社会の内部でも格差が生じている。貧しい国に住む極貧の人びとは、同じ社会の富裕層よりも多くの料金を水に払っている。政府が助成する水道の水は裕福な国民に供給され、中流階級は給水車が運んでくる水を、貯水槽に蓄えて利用するか井戸を掘る。最も貧しい人たちは水売り商人から水を買う。この水の料金は水道水の一〇〇倍もすることがある。

たとえばリマ市では、貧しい人は一立方メートルの水に三ドルも払うことがあり、買った水をバケツ（多くは汚染されている）で持ち帰る。より裕福な人は自宅の蛇口をひねって殺菌処理ずみの水道水を一立方メートル当たり三〇セントで買える。ホンジュラスの首都テグシガルパのスラムの住民は、配水管の設置料よりも高い金を民間の給水車の水に払っている。

国家のエリート層や金持ちの観光客も特別に水を利用できる。インドネシアが旱魃に見舞われたとき、住民の井戸は涸れたが、ジャカルタの観光客向けゴルフ場にはコースごとに一日当たり一〇〇〇立方メートルの水が供給された。三年にわたる旱魃で河川の水系全体が干上がり、帯水層まで枯渇した一九九八年に、キプロス政府は農家に供給する水を五〇パーセント削減したが、訪れる観光客には自由に水を使わせた。南アフリカでは、六〇万の白人農家が水の六〇パーセントを灌漑用に消費し、一五〇〇万人の黒人は水にたやすくありつけない。

ダムの悪影響

大規模なダム計画（もちろんのこと灌漑農業の増加につながる）で人間が受けた被害は、環境への影響と同じくらい深刻である。過去六〇年間に、ダム建設のために強制移住させられた人びとは、約六〇〇〇万人から八〇〇〇万人いる。彼らは地域社会や生活の糧、先祖代々の住居を失い、文化や経済だけでなく、心も荒廃させられた。パトリック・マッカリーによれば、立ち退き料をもらったとしてもわずかで、何ももらえないことも多いという。

インドと中国の立ち退き者の数は世界で最も多く、どちらも手荒い手段によって立ち退きを強制された。中国革命から三〇年、平均して年に六〇〇以上の大型ダムが建設され、少なくとも一〇〇〇万人が強制移住させられた。だが、これは中国政府が公表した数字であって、実際はもっと多いと考える人もいる。中国のある評論家は、その総数を四〇〇〇万人以上と見ている。残酷な方法で立ち退きが強制されたケースも多い。一九五八年には新安江ダムの建設では数十万人が立ち退かされた。政府の役人は、移住させるのに「戦闘のつもりで」取り組めと言い、家屋の取り壊しを命じた。ショックを受けたままの農民は再定住地まで何日もかけて歩かされた。最近の例では、総工費四〇億ドルの大規模な黄河小浪底ダムの建設で、二〇万人近くが強制移住させられた。五〇年代に、同じ黄河に建設された三門峡ダムの二の舞いを恐れる者もいる。このダムには膨大な土砂が堆積してしまい川の氾濫を招いた。古都西安の安全が脅かされると、毛沢東はダムの爆破を命じた。のちに改修工事が行われ、洪水防御工事によって六万六〇〇〇ヘクタールの肥沃な農地が水没させられたのである。

立ち退きに反対する者には暴力と脅しが待っている。国際的に論議を呼んだ総工費五〇〇億ドルの三峡ダムがそうだ。ある環境保護団体の報告によると、二〇〇〇年八月に土地の水没に関して、地方の再定住村の住民が平和的な抗議をすると、動員された兵士が彼らを監禁して殴打した。三峡ダムの強制移住者は一一〇万人と見られている。

世界ダム委員会によれば、独立後のインドでダムのために強制移住させられた人の数は一六〇〇万人から三八〇〇万人だという。一九八一年にアンドラ・プラデシュ州のスリサイラム・ダムの水没地区の一〇万人は、インド政府当局が「破壊作戦」と呼ぶ強制措置によって家から追い立てられた。一九六一年、インド蔵相がポン・ダムの水没地区に住む農民たちに「ダムができたら、すぐ立ち退くように。立ち退けばいいが、さもなければ水を放流して全員を溺死させる」と率直な訓示をした。

他国でも非常に野蛮な方法で立ち退きが強制執行された。ソ連では、住民に自分の家と果樹園や教会に火をつける作業を手伝わせ、死亡した親族の棺も掘りださせた。もっとひどいケースを、パトリック・マッカリーがあげている。グアテマラの先住民、アチ族三七八人の虐殺である。一九八〇年代の初め、ヨーロッパの国際資本連合（コンソーシアム）はグアテマラにチホイ・ダムを建設するために三四〇〇人を立ち退かせようとした。住民がいたにもかかわらず、コンソーシアムの調査は「ほとんどいない」と結論した。ネグロ川の村民であるアチ族は立ち退きを拒否し、正当な立ち退き料を要求した。その要求は応じられなかったどころか、グアテマラの兵士はアチ族を無差別に虐殺したのである。

このエピソードが、ダムが先住民族を無視して建設されたことを象徴する。ダムは世界中で人びとの暮らしに大きな影響をおよぼしてきた。インドの場合、強制移住させられた人の四〇パーセントはアーディワーシーと呼ばれるカーストの低い先住民である。フィリピンの大型ダムの多くは、先住民の土地に建設されたものだ。

水紛争

減少する淡水量、既存の水の汚染、増大する水需要という現実を前にすれば、水へのアクセスをめぐって紛争が起こるのは当然だろう。水ストレスの状態にある地域社会のどこでも、貴重な資源の使用権をめぐる争いが起こっている。

この不安定な情勢に、都市化が拍車をかけた。発展する都市の中心部に人が移住または強制移住させられて都市の水需要が高まる。そこで農村や未開の大自然から水を引いてくるのだが、急増する人口に食糧を供給するため限界まで水を使っている農家は、当然のことながら貴重な割当分を手放したがらない。しかし、都市への移住が本格的になった中国では、農業から工業への水の移転が進んでいるのだ。

インドネシアでは法律で農業の優先権が認められているが、ジャワ島の米作農家の一部は織物工場に水を奪われた。しかも、工場は許可されたよりも多くの水を使い、農家は窮地に追いこまれた。韓国では、ソウルの南の農家が蜂起し、都市の住民用の水を汲もうとする市の給水車の作業を阻止した。北米太平洋岸北西地域では、二〇〇一年夏に、灌漑しないことを条件としてコロンビア川流域の農家が一エーカー当たり四〇ドルを支給された。川沿いの大規模な発電所がカリフォルニアへ電力を供給するためである。

農村の住民同士が水の取り合いをすることもある。ブラジル北東部では、長い旱魃が原因で農家が反目しあった。豊かな流量を誇るサンフランシスコ川は灌漑用に分水され、かつてブラジルでも特に荒涼としていた地形を蛇行しながら流れる。ロイター通信のジョエル・ディーデリクによれば、この灌漑計画は三〇万ヘクタールの乾燥した流域を輸出用のココナッツやグアバなどトロピカル・フルーツの果樹園に変えた。計画の擁護者に言わせれば、この巨大事業は仕事を探す農民を引きつけたし、金持ちになった者もいるという。最初のわずかな農民は成功したが、全員に行きわたるほどの土地はなく、農場労働者には何も保障がなく、地域の人びとの不公平感を助長した。

水不足は絶滅危惧種の保護を訴える人びとと先住民および農民との対立を生みもした。オレゴン州クラマス・フォールズの例を見よう。二〇〇一年の長くて暑い夏、クラマス・フォールズの農家は勝手に貯水池の水門を開けて灌漑にもちいた。その水門は、記録的な旱魃のさなかに絶滅が危惧されているサッカーフィッシュという底魚と絶滅の危機に瀕しているギンザケを保護する目的で、米連邦捜査局（FBI）が閉めさせたものである。先住民部族はこれらの魚について条約による権利があり、政府に魚の保護を求め、自然生育域に川の水を戻すよう要求した。下流の先住民とサケ漁師によると、政府が何十年も大規模な灌漑を農家に許したことが、彼らから生活の糧と文化的な権利を奪ったという。

自由市場の需要によって苦境に立たされた農家は、多量の水を求める大規模事業に参入して生産を拡大し、利潤を増やそうとした。高度に機械化された大規模農業に投資した農場経営者は、化石燃料や水など、資源の大量利用に依存しないと農場経営ができない。それでは生態系にかなりの害をおよぼし、先住民の権利を侵害する恐れがある。耐乾性の作物やあまり燃料に依存しない農業に切りかえれば、またそのような農法を奨励すれば、水をめぐる争いは減るはずだ。しかしこれを実現するには、アメリカ政府が資源枯渇型の農業を助成しないで、持続可能な小規模農業を支援する必要がある。

自然と権力

失業者も自然に害をなす計画の道具にされる。カナダ最東部ニューファンドランド州の失業率は慢性的に高いのだが、この州には生命にあふれた未開の大自然が残っている。自然の清らかな水をたたえた長さ一六キロ、幅一〇キロの湖もある。このギズボーン湖の水を世界各地の消費者に売る目的で、地元の事業家が輸出許可の申請を出した。当然、この計画は論議を呼んだ。一方に、水の大量移動がおよぼす生態系への影響と、増大する人口を支えるのに必要な水が失われることを心配する多くのカナダ人がいる。水を貿易財とする貿易協定に、カナダが近視眼的に調印したことも、危惧の念を高める原因となった。他方には、ギズボーン湖に近いグランルピエールという小さな漁村の住民がいる。かつてタラ漁で栄えたこの漁村は、乱獲のため絶滅寸前までタラが減ってしまい貧しくなった。失業が広がっていた地域社会は、雇用の増大につながるこの計画に飛びついた。ニューファンドランドの元州首相ブライアン・トービンは、水輸出への扉を閉ざしていたのだが、新しい州首相ロジャー・グライムズがこれを再び開いたため、この問題をめぐって論争が起こっている。

水紛争は零細農家と大規模農業経営の農企業関係者との間でも生じている。エクアドルでは、水に関する新しい法律が議会に上程され、対立する二つの農業団体が異なった立場からそれに取り組んでいる。ある報告によれば、農業会議所が推進する計画は大農場主と農企業の利権を守るもので、水道事業の民営化を支持し、産業の生産力を高めるための水の利用を望んでいる。

もう一方は、エクアドル先住民族連盟が零細農家と農場労働者のために提出した。その主張は、公共の財産である水は国民全体の公正な発展のために利用すべきで、地域の人びとの食糧と水の安全保障が最優先されるべきだとしている。

ときには歴史に根ざす人種間の衝突や権力闘争を背景に水紛争が起こる。アパルトヘイトのもと、南アフリカ共和国では水の分配で公然の差別があった。最初の民主政府は深刻な水問題を引き継いだ。水不足、人種と階級による不公平な分配、水源の深刻な汚染、ダムの多い河川、過半数を占める黒人の下水道設備が皆無に等しいことなどだ。この根深い不公平の問題を新政府が理解して、水分配の差別をなくすと思われていた。与党は新憲法で、水への基本的権利をすべての国民に保障して、不平等を是正しようとした。アフリカ民族会議の復興開発計画は、水へのアクセスは人間の権利であり、「われわれの水資源政策の基本理念」だと宣言した。

だが、アパルトヘイト後の水分配について調査したパトリック・ボンドとグレッグ・ルイターズによれば、アフリカ民族会議は市場本位の水管理をしたという。そのため、貧困層は水不水不足に苦しんだが、支払い能力のある者には特権が与えられた。水は「希少財」であり、貧しい者も最低限の原価を負担するべきだと、政府は強調した。また政府は、ダムを建設すれば水量が増えるというアパルトヘイト時代の先入観をもちつづけていたこと、一方では水を無駄遣いしている者に適正な価格を請求できなかったことが、この調査でわかった。「その結果、最も水に困っていた人たちが旱魃に見舞われ、水を乱用しがちな者にはふんだんに水が与えられた」。民主主義に変わってからの最初の五年間で、過半数の南アフリカ人にとっては、水へのアクセス権と衛生設備の恩恵はむしろ減少したのである。ごく少数の者が住居や庭で水をふんだんに使える一方で、何十万人もの消費者が断水に見舞われた。

このように南アフリカでは、所得の違いよりも階級や人種、性別による水配分の不公平感がつのっている。南アフリカの水の半分以上は白人支配の商業的農業が利用しており、その半分は不適切な灌漑方法のため無駄にされている。鉱工業は水の四分の一を利用し、約一二パーセントは家庭が消費するが、半分以上は白人家庭が庭やプール用に使っているのだ。

国境地帯の紛争

世界人口の約四〇パーセントは、二ヵ国以上が共有する二一四本の河川水系に依存している。源流から出発した水は分水されて、飲料水や灌漑用水、発電用水として利用される。だが、下流域の国は弱い立場におかれている。水が不足する地域の国の多くが、湖沼や帯水層の水を他国と共有することがある。多くの人びとが減る一方の水を求め、水不足がもたらす社会的、政治的、経済的影響によって、諸国間に不安定要因が生じる。

紛争はほとんどの場合、国家間のものである。一九九七年にはマレーシアが紛争を起こした。マレーシアはシンガポールの水の消費量の約半分を供給していたが、シンガポールに自国の政策を批判されて、水の供給をやめると威嚇した。アフリカでは、ボツワナとナミビア共有のオコバンゴ川をナミビアが、自国東部へ分水しようとパイプラインの建設計画を立てて、両国の関係がこじれた。北方では、エジプトが灌漑と電力に必要な水を依存しているナイル川から、エチオピアがもっと多く分水しようとしている。シリアおよびイラクと共有するユーフラテス川にトルコがダムをつくる計画がある。インドがバングラデシュとの国境付近のガンジス川から分水したためにバングラデシュが困惑した例がある。バングラデシュはインド経由またはインドから発する河川の水に依存しているが、一九七〇年代に食糧安全保障問題が起こると、インドはこれらの河川の水を自国の灌漑システムに引くようになり、バングラデシュでは水が不足した。

一九九二年当時、チェコスロバキアを構成する共和国の一部だったスロバキアは、環境保護主義者の反対を無視して、ハンガリーとの国境沿いのドナウ川に建設したガプチコボ・ダムの操業を開始した。この計画にはハンガリーも参加していたが、環境保護運動に応えて八九年に参加をやめた。九三年には、対立していた両国がハーグの国際司法裁判所にこのケースを持ちこむことに同意したが、そのときにはかなりの環境被害が出ていた。

アメリカとメキシコとの国境にある地下水の管理と利用をめぐる紛争は、両国間に重大な緊張をもたらす恐れがある。まず、ウエコ・ボルソンが枯渇しつつある。この帯水層は水道水の水源であり、ニューメキシコ州ラスクルーセスからテキサス州エルパソ、メキシコのシウダードフアレスの水をまかなう。アメリカはカリフォルニア州インペリアル・バレーのために主要な灌漑運河を建設する提案をした。だが、こうした取水計画が、この国境地帯の地下水を枯渇させつつある。地表水には条約が交わされるが、地下水に関する取り決めがないため、紛争は当事者が話し合いで解決するしかない。

北方の国境では、五大湖盆地を共有するアメリカの八州とカナダの二州に住む四〇〇〇万人の間で紛争が頻発するだろう。地下水面が低下している一方で、五大湖盆地の外縁に多くの新しい町ができ、これらの町の需要が五大湖の水系に大きな負担となっているのだ。

アメリカがカナダの水を狙っているのではないかと、カナダ人はずっと恐れてきた。一九世紀半ば、アメリカは初めて「明白な運命」、つまり領土拡張主義政策を追求するようになった。今日のカナダ人は、水が貿易財として北米自由貿易協定（NAFTA）の対象品目に加えられているのを不安に思っている。カナダ人の多くは、アメリカの政財界の指導者が水を含むカナダの資源を共有したがっていると感じているのだ。カナダに領土の主権があっても、アメリカの水が不足したとき、カナダの水を分水しないと言えば、アメリカは宣戦布告に等しいと思うかもしれない。

北米には潜在的な緊張しかないが、地球上の他の場所と同様に貴重な水が争いのもとになる中東では、紛争にまで発展した。イスラエルの地下水の四〇パーセントは占領地に源を発しているし、水不足が過去のアラブ・イスラエル戦争の争点にもなった。一九六五年にはシリアがヨルダン川から分水しようとしたことがある。しかし、イスラエルが怒って空爆したため諦めざるをえなかった。イスラエルはヨルダン川から分水していて、ヨルダンの水資源が乏しくなっている。武力衝突はいまのところ起きていないが、イスラエルと戦争になるとしたら、原因は水以外にないと、故フセイン・ヨルダン国王が語ったことがある。

水不足は、イスラエル人と占領地域に住む二三〇万人のパレスチナ人との間の緊張を高めてきた。最近の旱魃でも、イスラエルは自国の公園を青々と保ち、綿花のように水を多く必要とする作物を栽培しながら、占領地域のパレスチナ人には給水を制限した。

水は攻撃目標にもなる。一九九一年の湾岸戦争のとき、アメリカはバグダッドの北にあるユーフラテス川とチグリス川のダムの爆撃を考えたが、甚大な被害を出す恐れがあったので諦めている。多国籍軍はイラクの上流にあるアタチュルク・ダムでユーフラテス川の流量を減らせないかとトルコに打診した。イラクがクウェートの淡水化プラントを破壊する一方で、多国籍軍はバグダッドの水供給システムを攻撃目標と考えたのだ。

一九九九年のNATO軍によるユーゴスラビア爆撃は帯水層を汚染した。この帯水層はヨーロッパ東部の淡水をまかなっている。攻撃目標には、合成肥料をつくる石油化学製品工場、塩素工場、ロケット燃料工場、原子炉のあるグロッカの町、四ヵ所の国立公園が含まれていた。爆撃で放出された化学物質は、数十年ないし数百年も帯水層からなくならないだろう。

民間対公共の水管理

淡水をめぐる最も重要な論争は、誰がどうして水を利用できるかを決定する民間セクターの役割の増大と関係があるだろう。水不足が利益を生むと考える民間側が最も水の価値に気づいている。その結果が、利益を目的とする水取引という新しい現象だ。

南半球のどの非工業諸国でも、農家間で小規模な水取引が実施されるのは珍しいことではない。かつては北半球でも同様だった。農家や農村共同体の間の取り決めは、水を人類の共有財産だとする信念に基づき、水は必要に応じて分配された。だが、昨今の多国籍企業の目的は利益を優先する水貿易である。水の価格は押し上げられ、貧しい者は水にありつけない。

カリフォルニアでは水利権の取引がビッグ・ビジネスになりつつある。一九九二年に、米連邦議会は史上初めて、農家が水利権を都市に売ることを認める法案を可決した。九七年には内務長官ブルース・バビットがコロラド川の利用者に水市場を開放する計画を発表した。この新しい制度により、州と州の間（アリゾナ、ネバダ、カリフォルニアの三州）でコロラド川の水を取引できるようになった。

『ハーパーズ・マガジン』のウェイド・グレアムは、この措置を「一八六二年のホームステッド法以来、最も大胆な国有資源にかかわる規制緩和」と呼び、これに勝る唯一の法案は、アメリカ中の国有地の民営化しかないとつけ加えた。バビットは政治家や裁判所ができなかったこと——コロラド川の水利権を主張する当事者間の審判——を、自由市場がやってくれると期待していた。

これに似た水の民営化はサクラメント・バレーでも実験されたが、グレアムはそれを一種の警告として考えている。一九九〇年代の初めに、カリフォルニア州南部の都市や農家は、北部の農家から水を直接買えるようになり、蓄えておいて一般市場で売ってもいいことになった。大規模な農場経営者は大量に取水し、好機がおとずれるまで「渇水銀行」に預けた。少数の人間は売り逃げて大儲けしたが、他の人びとは農場の井戸涸れを経験した。結果は悲惨だった。地下水面が下がって地盤沈下が生じたのだ。

グレアムはこれを、世紀の変わり目にカリフォルニア州オーエンズ・バレーで起こった悲劇に対比させている。豊富な水量と青々とした緑を誇っていたオーエンズ・バレーは、ロサンゼルス市の役人が、州の南部へこの水を分水しようと企てたために干上がってしまったのだ。「オーエンズ・バレーのペテンは、地域社会全体の運命が水利権をもつ一部の個人や企業にかかっていることを立証した……カリフォルニアでは水が成功を意味し、水を利用する法律上の権利が民営化によって譲渡できるようになれば地域社会の繁栄も失われる恐れがある」とグレアムは書いている。その好例がコンピュータ産業だろう。この産業は地域の水を最も多く使っている。コンピュータ製造工場は大量の脱イオン水を使用するため、たえず新しい水源を探している。そのために、地域の水をめぐる巨大ハイテク企業と経済的、社会的に取り残された人びととの戦いが激化しているのだ。

シリコンバレー有害廃棄物連合によれば、エレクトロニクスは世界で最も急成長をとげた製造業だ。大手ハイテク企業の年間純売上高は、多くの国の国内総生産を上回っている。世界には現在、約九〇〇の半導体製造工場があり、コンピュータに使われるICウェハーがつくられている。建設中の工場がさらに一四〇もあるが、これらの工場は目をむくほど多くの水を消費する。ここに問題が生じるのだ。その水はどこにある？　かぎりある利用可能な水を入手するしかないが、争わずして水は手に入らない。アメリカとメキシコの環境問題に取り組むあるNGOはこう説明する。「ごく限られた資源を奪い合う場では、昔から資源に恵まれている者と、彼らの資源をもの欲しげに見ている新来者との間で争いが起こる」

地球の水がますます枯渇していき、私企業が水を買い占めている現在、私たちは新しい経済形態へと移行しはじめているのだ。そこではスプロール化する都市と農企業が繁栄し、一般市民と農家の井戸は干上がっていく。過去の失敗は明らかなのに、水の無駄遣いが復活しようとしている。水不足のために子供が死んでいる第三世界諸国では、水道事業の民営化を条件として世界銀行と国際通貨基金（ＩＭＦ）が債務返済の繰り延べをしているが、貧しい者が急騰する上下水道料金を払えなくなるのは明らかだ。前途にあるのは、資源を保全するかわりに退蔵しようとし、メキシコ渓谷や中東のような場所では水不足による軍事紛争が起きるかもしれない世界である。すべてが売りものになってしまう世界でもある。

第二部　政治の策略

第四章　すべてが売りもの――経済のグローバル化が世界を水危機に追いこむ

水が人の生命に不可欠だとして、それは人間の基本的ニーズなのか、それとも基本的人権なのか？　「世界水フォーラム」の会場で問題になったのがそのことだった。二〇〇〇年三月、オランダのハーグで四日にわたって開催された会議には五七〇〇人が参加した。会議の名称からは、世界の水資源保全に関する国連の公式会議のような印象を与えられるが、実際の世界水フォーラムはそんなものではなかった。この会議を招集したのは「グローバル水環境パートナーシップ」のような大企業の圧力団体、世界銀行、そして営利を目的とする地球有数の水道企業であり、議論の焦点も世界市場で水を売るさいの利益に関することだった。

国連の当局者がこの会議に参加していたことは事実だ。彼らは、並行して開催された閣僚級会議に、一四〇ヵ国以上の政府代表とともに出席していた。だが、会議を仕切っていたのは彼らではなく、主役は最大手の私企業数社だった。なかにはビベンディやスエズ・リヨネーズなど世界を股にかける水道事業会社だけでなく、ネスレやユニリーバのような、ボトル詰めの水を提供する食品加工のコングロマリットも含まれていた。

水が「ニーズ」と「権利」のどちらなのかという議論は、人びとの水へのアクセスを保障する責任が誰にあるのかという問題の核心に迫るものだった。市場と国家のどちらがそれを決定するのか、企業なのか？　政府なのか？　この議論は、ある市民団体の参加なしには考えられなかった。「ブルー・プラネット・プロジェクト」として知られ、環境と労働および公共の利益を追求する団体の代表は、水を普遍的な人権と認めよと主張した。だが、世界水フォーラムの招集者にとっては別の協議事項があった。水を「ニーズ」と指定してもらう必要があったのだ。そうなれば営利目的の民間セクターが、市場を介して生命の維持に必要なこの資源を提供する責任と権利を手に入れられるからだ。水が人権となれば、すべての人に非営利目的で平等なアクセスを保障する責任が政府に生じるのだが、政府代表はフォーラムのスポンサーである企業側の主張を尊重した。閣僚級会議に出席した政府の官僚は声明書に署名し、水が基本的な「ニーズ」であると宣言した。水が万人の「人権」であることには触れなかったのだ。

世界水フォーラムで行われたのは、土地とコモンズ（共有財産）から水を分離することだった。それは二〇世紀半ばから重んじられてきた、人類の歴史で重要な民主主義の基準を否定することでもあった。かつて採択された世界人権宣言とそれに付随する国際人権規約（経済的、社会的および文化的権利に関する国際規約と市民的および政治的権利に関する国際規約）は、国連の礎石を築くものだった。これらは過去二〇〇年を大きく特徴づけた民主主義の戦いにおける最高の業績に数えられる。だが、二一世紀の夜明けを迎えたいま、経済界と政界を支配するエリートは基本中の基本である水を万人の権利として認めない。ニーズとされた以上、水は世界市場の需要と供給の影響をこうむり、資源の配分は支払い能力によって決定されるのだ。

この力関係を完全に理解するには、今日の地域社会および国民の暮らしを一変させる経済のグローバル化に目を向ける必要がある。水危機が拡大しているこの世界は、多国籍企業が動かすグローバル経済の支配下にある。経済のグローバル化時代に、政府は公益、つまり社会一般の利益を守る責任をほぼ放棄し、企業の権利を国民の権利に優先させるようになった。グローバルな水危機の原因を理解するには、グローバル化のこうした力と正面から対決する必要がある。それによって初めて解決策が見出せるだろう。

経済のグローバル化

私たちの時代を支配する開発モデルは、経済のグローバル化である。このシステムは、万国共通のルール（企業と金融市場が決定する）に基づく単一のグローバル経済が避けられないとの信念に支えられている。権力を握る者にとって、冷戦後の時代を明らかに象徴しているのは、民主主義や環境への責務ではなく、経済の自由だ。その結果、有史以来の大変革が起こっている。この変革の中心には、あらゆる生活圏への攻撃がある。グローバル市場経済ではすべてが売りものになり、医療や教育、文化や伝統、遺伝子コードや種子、空気と水を含む天然資源など、かつて神聖視された領域でさえ販売の対象になるのだ。

経済のグローバル化は私たちの時代に、特にベルリンの壁が崩壊して以後に加速された。それ以前、二〇世紀の大半は競合する二つのモデル、共産主義と資本主義にグローバル経済が二分されていた。象徴的には、ベルリンの壁の崩壊と冷戦の終結は、共産主義に対する資本主義の勝利と、経済の二極化の終わりを意味した。それ以来、資本主義がグローバル経済に君臨してきた。こうして多国籍企業はグローバルな資本主義の最有力機関としてわがもの顔に市場を拡大し、地球の隅々まで事業をひろげるようになった。

第二次世界大戦後、工業超大国として台頭したアメリカは、大量生産する消費財を売りさばくグローバル市場を開拓し、自由市場体制とその価値観を世界に広めようとした。数十年のうちに、このイデオロギーは根をおろし、ワシントン・コンセンサスと呼ばれるようになった。ワシントンに本拠をおく保守的なシンクタンクの国際経済研究所（ＩＩＥ）のジョン・ウィリアムソンが一九九〇年につくった言葉である。このコンセンサスは、政府による貿易や投資、金融の大規模な規制緩和を特徴とし、新しい世界秩序の公式イデオロギーとなった。資本、商品およびサービスが政府の介入や規制に縛られず、国境を越えて自由に流れることが不可欠である。このイデオロギーの根底には、資本の利益が国民の権利に優先するという信念がある。

その理由から、ワシントン・コンセンサスは「民主主義の遅滞」と呼ばれてきた。世界人権宣言とそれに付随する国際人権規約の根底には、人びとの民主的な権利を優先する思想があるが、コンセンサスはそれをほとんど認めていないからだ。

経済自由化のドクトリンは三極委員会の促進する原理に基づいている。七〇年代初めに設立されたこの委員会は、経済界と政界をリードする三二五人（世界企業と銀行のCEO、主要国の大統領と首相および上級行政官、彼らと同じ考えをもつ学者とメディアの世論形成者）を一堂に集め、世界経済とIMF、世銀、GATT（関税貿易一般協定）などの構造を改革するための青写真を独自に模索しはじめた。国境のない世界をつくるため、世界貿易（特に織物、衣類、履物、電子機器、鋼鉄、船舶、化学物質）の関税と非関税障壁を削減するよう呼びかけた。南半球の非工業国の債務が増えると、三極委員会は「構造調整プログラム」をこれらの国に押しつけるようIMFと世銀に提案し、グローバルな自由市場の優先事項に合わせて経済政策と社会政策を根底から変えさせた。

グローバル経済の構造改革を推進しようとする三極委員会は、一九九〇年代にグローバル化の過程を加速できた。国連の裏をかき、イデオロギー的なコンセンサスづくりの任務をになうリーダーを自任し、新しい世界秩序の構築をめざした。こうして世界の新しい王族がグローバル経済を牛耳った結果、人間は苦しみ、自然が破壊されたのである。

多国籍企業

二〇年前の国連の報告によると、世界に約七〇〇〇社の多国籍企業が存在したが、いまや優に四万五〇〇〇を上回る数になっている。ワシントンにある政策研究機関によれば、上位二〇〇社の年間売上高を合わせると、世界一九一ヵ国のうちの一八二ヵ国の経済総量を上回る。それほど強大なのだ。さらに、年間収入から見た経済力は、世界人口の五分の四を占める最貧層の二倍近くになる。世界で最も大きい一〇〇の経済組織のうち、五三は国民国家ではなく多国籍企業なのだ。

『フォーチュン』誌の二〇〇〇年版〈世界企業ランキング五〇〇〉によると、たとえばアメリカのエクソンモービル（世界最大の多国籍コングロマリット）の総所得は二二ヵ国をのぞいて他のどの国民国家のそれよりも多い。二位にランクされるウォルマートの経済規模は一七八ヵ国のどこよりも大きい。ゼネラルモーターズの経済は香港やデンマークのそれよりも大きく、フォードの年間売上高はノルウェーとタイの国庫収入よりも多額だ。ロイヤルダッチ・シェルの年間所得はポーランドと南アフリカよりも多く、ブリティッシュ・ペトロリアム（BP）はサウジアラビアとフィンランドとポルトガルのいずれよりも多い。巨大コングロマリットに数えられる三菱とトヨタおよび三井の年間売上高は、イスラエル、エジプト、アイルランドの国庫収入よりも多いのだ。

グローバル企業上位二〇〇社の年間売上高と利益は、世界経済をはるかに上回る速度で伸びている。先の政策研究機関によれば、一九八三年から九七年の間の上位二〇〇社の総売上高の成長率は一六〇パーセント、総利益の成長率は二二四パーセントである。同時期の世界経済は総額で約半分成長した一四四パーセントだった。最も論議を呼ぶ新展開はサービス産業に見られ、医療や教育や水など、かつて政府が各機関を通じて提供してきた公共事業を、営利目的の企業が支配するにいたった。主要な製薬会社が医療市場の一部を独占しているが、アメリカの二大病院チェーンのコロンビアとヘルストラストが合併して生まれた企業の存在は大きいだろう。この合併から営利を目的とする世界最大の医療企業が生まれ、その年間売上高はイーストマン・コダックとアメリカン・エキスプレスよりも多い。公教育の分野では「ニュー・アメリカン・スクールズ・デベロプメント・コーポレーション」が生まれた。企業の財力を国内の利益追求型の小学校に集めるのが目的で、AT&T、フォード、イーストマン・コダック、ファイザー製薬、ゼネラル・エレクトリック、ハインツのような多国籍企業が先鋒となった。

そしていまや、水道事業が営利を目的とする企業の標的となった。フランスの多国籍コングロマリット二社、ビベンディとスエズ・リヨネーズは国際的な水道事業におけるゼネラルモーターズとフォードと呼ばれる。二〇〇〇年にビベンディとスエズ・リヨネーズは『フォーチュン』五〇〇社のそれぞれ九一位と一一八位にランクされた。この二社は、世界五大陸一三〇ヵ国に水道企業を所有するか株式を取得するかして、一億人以上に給水しているのだ。

自然の商品化

多国籍企業とグローバル経済を拡大させる主要な原動力の一つは、「成長の必要性」であるとされてきたが、放置しておいたらこの原理が自然そのものと衝突することに、人びとは最近になってやっと気づきはじめた。ハーマン・E・デイリーとジョン・B・コッブは、成長の必要性に基づく正統派経済学が、「モノ」とサービス、機械、建物など狭義の「資本」に根ざしていることを立証した。デイリーとコッブによれば、これにはいわゆる「自然資本」が抜けていた。「自然資本」とは、すべての経済活動を可能にする地球上の資源だ。生態系の環境収容力には限界があり、産業化された農業、森林伐採、砂漠化、都市化が急速に自然界を破壊していると思えばなおさらである。現在のペースで進めば次の世代に衝突が起こるだろう、と二人は警告する。

そう遠くない昔、自然と生命には市場で売買される商品と同一視できない何かがあると思われていた。売りものにすべきでないものがあったのだ。天然資源（空気と水を含む）、遺伝子コード、種子、健康、教育、文化、伝統などだ。ほかにも自然と生命に欠かせぬものが人類共通の遺産または権利の一部となっていた。つまり「コモンズ」である。インドの例を見よう。昔から、この国は空間、空気、エネルギー、水を「所有関係に縛られない」ものと考えていた。これらは私有財産ではなく「共有資源財産」として扱うべきものであり、需給法則のような市場の要因に影響されないとされていた。それどころか、これらは普遍的に重要なものと見なされ、神聖だと考えられた。政府の公的部門が保護し保全をはかるほか、地域社会が守っていたものもあった。

水の商品化はコモンズを直撃する。ニューデリーに本拠をおき、バンダナ・シバの主宰するNGO、「科学技術環境研究財団」の報告によれば、インドでは水が「生命そのもの」と見なされ、「われわれの土地、食糧、暮らし、伝統、文化がそれに依存する」という。水は「社会のライフライン」として「人類の神聖な共有遺産」であり、「われわれの文化では集団で崇拝、保全、共有し、持続可能な方法で利用して公平に分配する」。イスラム教の古い教えでは、「シャリーア」または「道」は本来「水場への道」を意味し、人間と自然に適用される「水を飲む権利」の根拠になっている。財団によれば、こうした精神文化の伝統を通じて、インドの地域社会は「コンセンサスに基づく集団的な意思決定によって水の管理と所有に関する独自の仕組み」を考え、それによって「資源の持続可能な利用と公平な分配」を支えてきた。しかし、経済がグローバル化する時代を迎えたいま、水は金儲けの手段として商品化され、憂慮すべき結果を招いた、と財団は指摘する。IMFと世銀の圧力のもと、債務の重荷を軽くして歳入を確保しようとしたインド政府は、スエズ・リヨネーズとビベンディを含むグローバルな水道企業および大量の水を生産活動に使う主要産業に水利権を売ってきた。その結果、取水してそれを管理する地域の伝統はすたれ、「乏しい水資源の商業化と乱開発」がこれにとって代わった。私たちが目撃しているのは「これまで『共有財産としての資源』だったものの商品化」だと、財団は報告している。水の商品化は「インド人の暮らしや環境への取り返しのつかぬ損失」となる。この傾向はインドにかぎらず、第三世界のいたるところで起きているのだ。

たしかに、水にかぎらず自然や生命の商品化は、企業を主体とするグローバル化のきわだった特徴だ。コモンズとされていたものは、グローバル資本主義が拡大する過程における最後のフロンティアとなった。多国籍企業が世界の市場を席巻するにつれて出現した新しい産業は、私たちの地域社会に残された「モノ」を商業化しようとしている。顕著な例が、近年のバイオテクノロジー産業だ。自らを「生命科学」産業とするモンサントやノバルティスなど大手バイオ企業は、種子や遺伝子を、遺伝子組み換え食品や健康食品として世界市場で売買できる商品にした。国際水市場の大手は「生命を扶育する」この資源をせっせと商品にして、買える者に営利目的で販売している。種子や遺伝子でも、また水であろうと、どんなものでも最も高い値段をつけた者に売るのだ。水の商品化の根本的な矛盾について、ほかならぬ国際水市場の大手、スエズ・リヨネーズのCEOジェラール・メストラレが明言している。「水ほど効率のよい商品はない。普通はただで手に入るが、わが社はそれを売っている。何しろ、この製品は生命にとってなくてはならぬものだから」

民営化計画

ワシントン・コンセンサスの特徴の一つである、民間企業による公共機関や公共事業の乗っ取りは、水を商品化するための主要な武器である。多くの国で自治体政府が実施する配水などの公共事業が営利目的の外資企業に乗っ取られている。こうした民営化の過程で、水は商品となり、値段がつけられて売られる。値段は、支払い能力に基づいて決まるのである。

水道事業の民営化には三つのモデルがある。第一のモデルは、政府が上下水道処理システムを企業にそっくり売却するもので、イギリスにその例がある。第二のモデルはフランスで開発され、政府が水道企業に事業権を売却またはリースする。この場合、企業はシステムの整備運営費を負担するかわりに水道料を徴収し、費用との差額を利益とする。第三のモデルは企業がより制限を受ける。企業は水道事業の経営をまかせられ管理費を受け取るが、料金の徴収はできず、利益となるのは管理費の残りである。どのタイプも民営化の根源となるが、官民パートナーシップ（ＰＰＰ）と呼ばれることの多い第二のモデルが主流である。

水の供給が「官」から「民」に移行した場合、それまでとは違う「商業上の必要性」が生じる。事業権を引き継ぐ水道企業は「経費の全額を回収」したがるが、これには利鞘が含まれている。民営化企業の所有者や株主は利益や配当金の確保をめざし、そこで得た利益は事業の他部門に投資される。主な目的は利潤の極大化であり、水への公平なアクセスや持続可能性ではない。だから水資源の管理は消費拡大と利潤極大という市場力学に基づき、のちの世代のために乏しい資源を保全することは念頭にない。

利益の上がる収入を確保するためには、従来よりも高い水道料金を請求するほかない。たとえば、フランスでは水道事業が民営化されて、水道料金が一五〇パーセントも高騰した。フランスに本拠をおき、世界中の公共部門の組合を代表する組織、国際公務労連（ＰＳＩ）によれば、イギリスでは一九八九年から九五年までの間に水道料金が一〇六パーセントも上昇する一方で、民間水道会社の利鞘は六九二パーセントも増えた。この価格上昇により水道の供給が止められたイギリス人は五〇パーセントも増えたとされる。しかも民間企業または官民パートナーシップ（ＰＰＰ）の水道料金は、自治体政府が請求するよりもつねに高いのである。ＰＳＩと関連する独立組織、公共サービス国際研究所（ＰＳＩＲＵ）が実施した一連の調査によれば、民間またはＰＰＰによるフランスの水道事業の料金は、一九九九年だけで自治体の料金より一三パーセントも高かった。非工業国では、民営化がもたらす価格への影響はさらに深刻だ。インドでは、驚くことに所得の二五パーセントをやむなく水道料に支払っている家庭さえ存在するのである。

しかし、現金が欲しい政府は、国の財政問題の解決策として水道事業の民営化を急いでいる。多くの国で実施される法人税の大幅減税により、事業はおろか公共サービスの支払いに必要な税収がなくなった地方自治体も多い。そのために政府と公共機関は借金や赤字が痛手となって苦しむ。しかも、水道管の漏水など水道インフラの劣化は、工業国と非工業国とを問わず大きな問題になっている。公共事業費が大幅に削減された古い密集市街地ではなおさらだ。

民営化計画にはたいてい政府や公共機関が資金を提供する。世銀の報告によれば、こうした資金援助には「建設期間中の寄付金、経営期間中の補助金（無償の補助金など）、有利な税制度――タックス・ホリデイ（公共事業を始めるための税金控除期間）、建設費や運営費にかかる税金の還付など――が含まれる。ＰＳＩＲＵの報告では、民間部門に転嫁したリスクを最小限にとどめるため、公共機関は金銭的保証を要求される。これには債務保証と利潤保証の両方が含まれる。つまり、民営化後の水道事業に開発銀行が融資するとき、政府による保証が必要になる。水道事業権の契約書には民間経営者が契約期間中に利益を得ることを政府に保証させる条項が盛りこまれることが多い。水道事業権契約書にこんな利潤保証が組みこまれた例として、ボリビアのコチャバンバ市、チェコのプルゼニ市、ハンガリーのセゲド市がある。政府のこういう金銭的保証は納税者の負担だ。

民営化計画が実行されると、公的な支配力は大幅に弱まる。民営化された水事業のほとんどに、二〇年から三〇年におよぶ長期の事業権契約があり、満足な成果が上がらないことが立証されても、契約の取り消しは困難だ。公共機関当局が契約を取り消そうとした例（スペインのバレンシア市、アルゼンチンのトゥクマン州、ハンガリーのセゲド市、ボリビアのコチャバンバ市など）では、グローバルな水道企業が損害賠償の訴訟を起こすと脅し、実際に訴えたために、信じられないほど高い契約破棄料がかかった。コチャバンバ市の場合、ベクテルがボリビア政府を相手どり、四〇〇〇万ドル近い賠償金をめぐって投資紛争解決国際センター（ＩＣＳＩＤ）に訴えた。ボリビアとオランダの間で交わされた二国間投資協定（ＢＩＴ）のもとで

「収用権」を主張するベクテルは、オランダに本拠をおく持株会社を利用してラテンアメリカで最も貧しい国を告訴する権利を手に入れようとしたのだ。経済のグローバル化競争の仲間入りをするためにも、ボリビア政府にはかなりの圧力がかかり、ベクテルが要求している賠償金を払って法廷の外で解決するしか道はなさそうだ。

金融投機

多国籍企業は経済グローバル化の主要なエンジンだが、グローバル経済拡大の動力になっているのは資本市場への金融投機である。水が世界市場で売買される収益目当ての商品になれば、金融市場における外国人投機家の標的になりやすくなる。利用可能な淡水がさらに不足すれば、商品市場への投機によって水の価格は急騰するかもしれないのだ。

今日のグローバル経済を推進しているのは金融カジノであり、そこに投機家やギャンブラーと化した投資家がひしめく。商品やサービスを提供する企業の株式を買って持ちつづけるのではなく、投資家はいまや投資信託会社に投資し、商品や通貨の価値の変動を利用して投機、すなわちギャンブルにうってでるのだ。グローバル経済の原動力としての投機的投資が生産的投資にとって代わったのである。このグローバル・カジノを通じて、一日に平均して二兆ドル近くが投機的投資として世界中で取引される。一つのキーを押すだけで、商品や通貨のトレーダーは莫大な金を世界のどこへでも動かし、電子情報システムを使って価格変動を追跡する。短期の高利回り商品市場で金を運用する投機家は、突然その資金をよそに動かしてしまうことも可能であり、そのためにその国の経済は不安定になってしまう。

いま、商品先物市場の基盤が整備されつつあるが、水相場への投機にもかかわるようになるだろう。一九九八年三月にパリで開催された会議で、国連の持続可能な開発委員会（ＣＳＤ）は、各国政府が「多国籍大企業」の資本と専門知識に頼ってはどうかと提案し、水利権の「公開市場」と民間の役割を拡大するよう呼びかけた。国連は、上下水道網および処理施設の建設と、将来の水供給を確実にする技術に必要な膨大な投資をまかなう民間資金を動員すると約束した。投資家と企業は、水不足の都市（特にアメリカ国内）に大口で売るために、農耕地域の水利権を買い占めてきた。

近年、「ウォーター・ハンター」という言葉が、こうした企業家の新種に対して使われている。ウォーター・ハンターは、アマゾンの雨林からアフリカの砂漠地帯の帯水層まで淡水資源を求めて採掘しては、パリやニューヨークの専門市場で売りに出しているのである。「青い黄金《ブルー・ゴールド》」が不足すればするほど、私たちはますますウォーター・ハンターについて耳にすることが多くなりそうなのだ。

一九九九年一月、アメリカのＵＳフィルター（現在は世界をリードする水事業会社ビベンディの子会社）は、ネバダ州リノの北に牧場と一万四〇〇〇エーカー・フィート（一エーカーを一フィートの深さに満たす灌漑用の水の量）の水を買い、それをリノ市に売るべくパイプラインで送水する計画を立てている。だがそのラッセン郡では、生き血を抜かれるに等しいと言われている。二〇〇一年初頭、ロサンゼルス都市区水道局はカリフォルニア州最大の農産企業カディスから約一七八兆リットルの水を買う契約をした。カディスはこの水をモハーベ砂漠の地下深くにある帯水層から揚水することにした。しかし、二〇〇〇年の大統領選挙でアル・ゴアの選挙参謀を務めた、有力な元民主党下院議員で環境問題専門家のトニー・コエロは、この水源は値段がつけられないほど貴重だと主張した。カディスの経営者でイギリスの企業家キース・ブラックプールは違う。「計算すればわかるが、水の価格は上がりはじめたばかりだ」。つまり安く買った水は、水に飢えたロサンゼルスの産業や住民に高く売れるというのだ。

すると、カリフォルニア州知事グレー・デービスがこう言ったのも驚くにあたらない。「水は黄金よりも高価なのだ」。カリフォルニアでは水利権の買い占めが大きな商取引になっている。民間市場では、ロサンゼルスのような大都市やインテルのような企業が水の価格を押し上げ、小規模農家や小さな町村および先住民たちは手が出せなくなるのである。

国際競争力

グローバルな貿易の輪を広げるお膳立てをする背景には、ワシントン・コンセンサスが始動させた経済哲学がある。第二次大戦後のイデオロギーであるワシントン・コンセンサスの目標は、国際競争という理念に基づいて、一つに統合されたグローバル経済をつくることだった。

国内市場と地域開発のニーズよりも、輸出市場向けの商品やサービスを生産することが重視された。国際競争力をもつには、政府が、水のような天然資源を保護するために考えられた環境規制も含む障壁を除去して、資本と商品、サービスの自由な流れを確保する必要がある。

そのドクトリンにうながされて、この三〇年、グローバルな投資や貿易は驚異的に伸びた。『世界投資報告書』によれば、一九七〇年から九二年の間に非工業国への多国籍企業による直接投資は一二倍になった。つづく五年（一九九二年から九七年）で投資額は三倍となり、世界の対外直接投資の総額四〇〇〇億ドルに対し、一四九〇億ドルまで増加した。輸入と輸出向け生産をうながして、世界市場を開放させようとする動きにより、取引高は爆発的に増加した。『世界経済見通し』によれば、世界の貿易高は一九五〇年の三八〇〇億ドルから九七年の五兆八六〇〇億ドルに増えている。半世紀近くで一五倍に増加したのだ。

グローバル市場で競争上の優位に立とうとすれば、工業国も非工業国も、水の保護を含む環境規制を撤廃したくなる。法令や規制によって政府が責任をもって環境を管理することは、国際競争力を弱めると思われていたのだ。水の大量輸出や水道の民営化、特定河川の水力発電ダムの建設を法で制限するのは、多国籍企業からすれば国際貿易と国際投資への「不公正な貿易障壁」でしかない。グローバルな競争が熾烈な経済では、問題になる環境規制を政府が変えなければ、投資計画を白紙に戻すと脅す企業もある。その結果、環境規制の多くはひっくり返され、あるいは強制力のないものになってしまう。

世界的に競争力が重視される風潮のなかで、水を商品にしようとする要求がいっそう高まっている。水に非常時なみの大金を払う意思があり実際に払える者にとっては、バハマ諸島の島に淡水を運ぶ平底荷船や、日本と台湾および韓国に水を届けているタンカーがすでに存在している。ヨーロッパ水ネットワーク計画が実現すれば、アルプスの水は一〇年以内に、ウィーンの給水システムではなくスペインまたはギリシアに流入しているだろう。

グローバル貿易の爆発的増加が生みだした大量輸送技術は、水路への打撃となっている。企業は衆知を集めて、分水とパイプラインおよびスーパータンカーによる水の大量輸出を企てている。グローバルな輸送が増加すれば、湖や海に流される廃水が増えるだけでなく、港や運河を建設するときに必要な浚渫《しゅんせつ》工事で沿岸の生物生息地も破壊される。グローバルな輸送は、いまや全商品取引の九〇パーセントを占めており、一九九七年から二〇一〇年の間に八五パーセントも増加すると見られている。

世界貿易のルールは、グローバルな水道企業の権利や水道の民営化、淡水の大量輸出を守るためにある。北米自由貿易協定（ＮＡＦＴＡ）や世界貿易機関（ＷＴＯ）のような国際貿易体制が、水を「商品」、「サービス」、「投資の対象」として分類したのは、水は商品であると断言したのに等しい。政府が水の大量販売と輸出を禁止したり、外資系の水道企業を事業権入札に参加できないようにしたりすれば、ＷＴＯかＮＡＦＴＡの国際的な貿易ルールに違反したことになる。どちらの貿易体制にも強制力があり、貿易紛争に関する裁定は加盟国に対して拘束力をもつのである。

第五章　グローバルな水道王たち——多国籍水道企業は地球の水を商品化する

南アフリカ共和国はヨハネスブルクのよく晴れた涼しい朝、自治体公益事業局長のデービッド・マクドナルド博士は、環境への影響調査の結果を冷静に発表していた。二〇〇一年五月に終えたこの調査は、アルゼンチンの首都ブエノスアイレスの上下水道事業の民営化に関するもので、民間事業者への事業権付与としては世界最大規模のものを対象としていた。落札したのはグローバルな水道企業の最大手二社、スエズとビベンディ。スエズは、子会社のアグアス・アルヘンティーナが入札を代行して主要事業者となった。ヨハネスブルク市の事業権も、スエズは最近獲得したばかりだった。報告書はスエズとこのプロジェクトに融資した世界銀行グループによってすでに用意されていたが、しかしマクドナルド博士の調査は、水道民営化プロジェクトが一九九三年に始まって以来のブエノスアイレスの経験を独自に調べたものだった。そして、記者会見を呼びかけた南アフリカ自治体労働者組合は、ヨハネスブルク市民に代わって調査結果を直接ききたいと強く希望していたのである。

ここ数年、ブエノスアイレスのプロジェクトは水道事業の成功談として報道されてきた。一九九三年当時、古いポンプや配管システムでは水がらみの災害が起こりかねなかった。そこにスエズの率いるコンソーシアム（共同事業体）が登場し、三〇年契約を結んだのだ。

民営化を支持する者は、国民への説明責任と透明性が向上すると主張していたが、このプロジェクトは一九八九年に大統領命令で国民に押しつけられていた。同年八月、アルゼンチンのカルロス・メネム大統領は国家行政改革法を成立させ、公共サービスに関する非常事態宣言を発した。これによって「……国が部分的ないし完全に所有する会社、法人、機関、生産財の部分もしくは全体の民営化および清算」が認められるにいたり、ブエノスアイレスの上下水道網、OSN（オブラス・サニタリーアス・デ・ラ・ナシオン）の民営化が決まったのだ。

コンソーシアムが、OSNの老朽化したインフラの近代化に成功したという調査もある。古い配管網は修復と清掃が行われ、水処理プラントを根本的に修理することで給水量が増えていた。契約から六年後の一九九九年、アグアス・アルヘンティーナの報告によれば、給水率が七〇パーセントから八二・四パーセントに増加していた。コンソーシアムの五年目の目標は、それよりも少ない八一パーセントだった。だが、こうした成果にもかかわらず、ブエノスアイレスの民営化プロジェクトは他の面では期待を裏切っていた。

民営化によって、ブエノスアイレス市民の払う水道料金が安くなると見込まれていたが、結果は反対だった。スエズの率いるコンソーシアムがOSNの事業を引き継いでからまもなく、水道料金の二六・九パーセント引き下げが実施された。だが、OSNの民営化が決まった一九九一年二月には、すでに二五パーセント値上げされ、その二ヵ月後にはさらに二九パーセントも引き上げられていた。インフレが理由だった。翌年、さらに大幅な値上げが実施された結果、コンソーシアムが引き継ぐ時点の水道料金はかなり高かったのである。値上げの総額は、民営化当時に発表された二六・九パーセントの値下げを差し引いても追いつかない額だった。しかも、引き継いでから一年後に、会社は改めて値上げを強行しようとした。極貧層の住む地域にも水道サービスを提供することなど、契約外の要求がアルゼンチン政府から出されたというのが会社側の言い分だった。コストが一五パーセントも増すというのである。そして、再度の大幅値上げが認められた。

この民営化計画には利益を保証する仕組みがあった。アルゼンチン政府がアグアス・アルヘンティーナと最初に交わした契約はかなり融通がきくもので、会社側の利益幅が守られるようになっていた。総合コスト指数（燃料費や人件費に基づく指数）が七パーセントを上回れば料金の値上げを申請してもいいのである。さらに融通性のある条項がのちの契約交渉で会社側に認められた。一九九三年には、最初の五年間の業績目標が設定されたが、九七年には契約交渉もあって、目標期限が二〇〇〇年まで延長された。アルゼンチン・デ・ラ・エンプレサ大学の報告によれば、九五年までにアグアス・アルヘンティーナは総収入から二八・九パーセントの利益を上げており、九六年と九七年にはそれぞれ二五・四パーセントと二一・四パーセントの利益があった。ブエノスアイレスの利幅はイギリスとウェールズの水道会社（一九九八年から九九年は九・六パーセント、一九九九年から二〇〇〇年は九・三パーセント）の二・五倍から三倍もあった。要するに、アグアス・アルヘンティーナはずいぶん儲けていたわけだ。

ブエノスアイレスの問題の根源は、政府が非営利で提供すべきサービスを、利益を追求する民間企業が提供したことにあった。営利企業は公共の利益を優先しないばかりでなく、資源を保護するための持続可能な経営姿勢ももたない。「コモンズ（共有財産）」の保護者としての責任を放棄する政府は急増している。政府の肩代わりをするスエズのような水事業会社の営利目標は、地域社会のニーズと衝突しがちなのだ。世界の水市場に統合されて、「青い黄金《ブルー・ゴールド》」は急速に、大きな投資対象になりつつある。この素晴らしい新世界の主役になるのは誰なのか？

「青い」鉱脈を掘り当てる

二〇〇〇年五月発行の『フォーチュン』は、グローバルな水道産業の特集でこう断言した。「二一世紀の水は二〇世紀の石油同様の価値があり、国の富を左右する貴重な商品だ」

世界中の住民と産業への水の供給は、年間四〇〇〇億ドル相当のビジネスになっている。水道の民営化がまだ揺籃期にあることを考えると、この産業はグローバル経済の確立された他部門とくらべても注目に値する。『フォーチュン』独自の分析によれば、水道産業の収益は石油部門のおよそ四〇パーセントに達し、製薬部門より約三〇パーセントも多いのだ。

水道産業の短期的な見通しはそれよりずっと明るいと、産業アナリストは指摘する。一九九八年に、世銀は水のグローバル貿易が八〇〇〇億ドル産業になると予測したが、二〇〇一年には一兆ドルに上方修正した。こうした驚異的な成長率が予測されるのは、民間の水道会社がまだ世界人口のわずか五パーセントにしか水を供給していないからだ。現在の成長率がつづけば、水はいずれ数兆ドル規模の産業になるだろう。都市が次々と水道事業を民営化したらどうなるか。『フォーチュン』の控え目な予想では、水道産業は毎年一〇パーセント成長し水の経済価値も上昇する。世界の水市場の月間分析をするニューズレター『グローバル・ウォーター・インテリジェンス』は、水が石油と同価格の国もあるという。コロラド州のロッキー山系のように、高い需要が水の価格を一年で三倍に押し上げた地域もある。一九九九年六月からの一年間で、一〇〇〇立方メートル当たり四〇〇〇ドルが一万四〇〇〇ドルになったのだ。

巨大なアメリカ市場が開放されるとともに、水道企業はアメリカの金融市場への足がかりをつかみはじめた。二〇〇〇年に、アメリカの水道産業だけで一五〇億ドル以上の企業買収があった。『ウォールストリート・ジャーナル』の報じるところでは、ヨーロッパに本社をおく巨大企業のスエズとビベンディは、二〇〇一年末までにニューヨーク市場に株式を上場するという。シュワブ・キャピタル・マーケッツ社のアナリスト、デボラ・コイは語る。「水株のファンダメンタルズは良好で、着実に利益を生むでしょう」。投資家がコンピュータやハイテク株を避けている現在、水道産業関連株の二桁台の成長に期待をかける者もいる。

だが、水道企業はオンライン取引によって資金調達法を変えるかもしれない。ネット上で水を売買するために、数社のドットコム企業が設立された。ウォーターバンク・ドットコムのウェブサイトは、「水のバーチャル市場」を提供するためにつくられた。アイアクア・ドットコムやウォーターライツマーケット・ドットコムは電子掲示板の役目をはたし、そこで水の売り手が買い手に対して製品やサービスの宣伝ができるのだ。『グローバル・ウォーター・インテリジェンス』が報じるように、アズリックスのウォーター2ウォーター・ドットコムは、売り手と買い手が直接運営できる電子取引フロアを立ち上げ、インターネット取引を便利にした。

水道王たち

今日のグローバルな水道産業を支配する一〇社は、三つのカテゴリーに分かれる。第一のカテゴリーは水道産業の二大大手、ビベンディ・ユニバーサルとスエズ（元スエズ・リヨネーズ・デ・ゾー）であり、どちらもフランスに本社がある。水道事業を政府が管掌してきた多くの国とは違い、フランスでは皇帝ナポレオン三世の治下、一九世紀半ばに民営化が始まった。スエズとビベンディはともに水道事業のパイオニアであり、国内市場で取引経験を積み、事業を拡大してきた。それと同時に、両社を合わせて世界の水市場の七〇パーセント以上を占めている。スエズは一三〇ヵ国で事業を展開し、ビベンディの顧客も九〇ヵ国以上である。多角的に事業を運営し、フランスに巨大な顧客ベースをもつビベンディのほうが規模が大きく、公表された年間売上高もスエズより多いが、世界の顧客数（約一億一〇〇〇万人）はスエズのほうが多い。一九九〇年代の半ば以降、大都市と結んだ三〇契約のうち、二〇はスエズが獲得している。

第二のカテゴリーは、二大大手の市場独占に対抗できそうな水道事業をもつ四つの企業またはコンソーシアム（ブイグ－サウル、RWE－テムズウォーター、ベクテル－ユナイテッド・ユーティリティーズ、エンロン－アズリックス）である。フランスに本社をおくブイグの水道子会社サウルは、現在八〇ヵ国で事業を展開している。二番目のRWEはドイツにおける最大手の電力会社だが、テムズウォーターを買収してスエズとビベンディのどちらにも対抗できる力をつけた。米エンジニアリング大手のベクテルと二八〇〇万人以上に給水している英ユナイテッド・ユーティリティーズとの提携は、両者の事業の拡大につながるだろう。最近、アズリックスの株を売却するまで、アメリカにおけるエネルギー企業大手のエンロンが、二大大手に対抗する有力候補だったのだが……。

もっと小さい水道会社からなる第三のカテゴリーは、能力と専門知識はもっているが、単独では世界の水道産業の主役にはなれないグループだ。このカテゴリーにはイギリスの三社とアメリカの一社が含まれる。イギリス・グループはセバーン・トレント、イギリス水道会社、ケルダ・グループからなる。いずれも、一九八〇年代にマーガレット・サッチャー政権下でイギリスの水道事業の民営化と同時に根づき、テムズウォーターおよびユナイテッド・ユーティリティーズとともにイギリスの水市場を占有している。四番目のアメリカン・ウォーター・ワークスは、アズリックスを買収して事業を拡大したばかりだ。

第一と第二のカテゴリーを構成している企業は、電気・ガスから建設・娯楽まで、主要な産業部門をいくつかもっている。第三のカテゴリーだけが水道事業に特化しているのだが、どの企業もマルチ・ユーティリティ・プロバイダーを自負して、（一）上下水道事業、（二）水処理施設、（三）水関連の建設土木、（四）海水の淡水化など、四種類の革新的技術のサービスを提供している。水道企業は、この分野の専門知識をもつ子会社の買収、他社との提携、特定プロジェクトのためのジョイント・ベンチャーを含む一連の戦略を展開して事業の充実をはかっている。

各社は世界市場に進出するため、国境を越えて事業を展開している。ブイグの水道子会社サウルは、三〇ヵ国以上で二五〇〇万人以上に水道サービスを提供している。エンロンはアメリカとカナダのほか、メキシコとブラジルおよびイギリスにも水道関連の資産をもっている。テムズウォーターを買収して、ＲＷＥはイギリスとオーストラリアはもちろん、アジアと中東およびラテンアメリカの数ヵ国とヨーロッパ東部の一部にまで事業を拡大した。イギリスの国内規制は水道会社の国際的な展開をある程度制限していたが、それでもイギリスの水道会社は世界の五大陸で七二〇万人以上に水道サービスを提供しており、ケルダ・グループは中国、ドイツ、カナダ、オランダで操業している。

征服へのスエズの足取り

スエズの新たな海外水市場への進出について説明するために、ＣＥＯのジェラール・メストラレは会社の礎石を築いたときの「征服の哲学」を引き合いに出してきた。そもそもは、一九世紀の巨大プロジェクトだった、スエズ運河建設を請け負った会社である。創始者のフェルディナン・ド・レセップスは、征服の哲学を社是とした。一世紀半ののち、メストラレはレセップスの経営理念を、新しいグローバル経済における自社の使命として復活させた。

二〇〇一年三月、多国籍企業スエズ・リヨネーズ・デ・ゾーは社名をスエズと改名した。グローバルなマルチ・ユーティリティ・プロバイダーとしての新しい企業イメージを打ちだそうとしたもので、新組織は四つの基幹事業を柱とした。水道・エネルギー・通信・廃棄物管理である。スエズの年間収入である三四六億ユーロの大部分は、エネルギー、水道、廃棄物管理部門によるものだ。エネルギーは、スエズの収入の五七・四パーセントを占め、フランスとベルギーに集中している。水道事業は総収入の二六・四パーセントで、その四分の三は国際市場で生みだされた。残りは廃棄物管理の一四・五パーセントがほとんどで、あとは通信が一・七パーセントを占めている。

スエズ最大の成長部門は明らかに水道事業であり、二〇〇〇年の収入は前年比四四パーセント増である。二〇〇一年三月、スエズはオンデオという新しい名のもとに水道事業を統合した。

新しいコングロマリットは水道衛生設備事業のオンデオ・サービス、アメリカの産業向けの水処理化学薬品を扱うオンデオ・ナルコ、水処理と完成品引き渡し方式土木事業のオンデオ・デグレモンの三部門に分かれている。社名変更の発表にさいし、オンデオは「世界一強力で充実した水処理グループ」になると、スエズでは豪語している。

新しいオンデオ水道会社は「積極的な成長戦略を展開するための重要なステップとなり、一九九九年から二〇〇四年の間に六〇パーセントの収入増が見込まれる」と断言した。欧州連合におけるスエズの他の事業に加え、ラテンアメリカとアジアおよび北米でも水道の主要な事業権を獲得している。アメリカは成長が見込まれる水道事業市場としてスエズが進出目標にしている国の一つだ。二〇〇〇年七月にアメリカ進出の第一歩として、スエズはユナイテッド・ウォーターを買収した。一七州で事業を展開するユナイテッド・ウォーターは、オンデオの新たな水のマーケティング計画の決め手になるだろう。

こうしたさまざまな動きがあるが、公営水道の民営化を疑問視する声もある。ボリビアの首都ラパスでは、スエズは二〇〇〇年に国際的な金融機関から四〇〇〇万ドルの融資を受けたが、一九九九年の世銀の調査によれば、全地域に水道を拡張しなくてもよい契約になっていた。これは、貧しい人たちへの水の供給は公共政策の問題ではなく、支払い能力によって決定されることを意味するものだ。イギリスのグリニッチ大学を拠点とする公共サービス国際研究所は、ブラジルのサンパウロ市にあるスエズの子会社アグアス・デ・リメイラが事業権契約の条件だった三六〇〇万レアールのうち一八〇〇万レアールしか投資していないと決めつけている（会社によれば、過少投資は為替レートの変動によるものだという）。

ヨーロッパでは、一九九九年七月にスエズとＲＷＥによるコンソーシアムが示した水道事業計画をハンガリーのブダペスト市議会が拒否した。最初の契約以降、トラブルつづきで手を焼いたブタペスト市のある高官は「民営化が間違いなのは、これではっきりした」と言った。

公共サービス国際研究所によれば、スエズが水道事業権などの契約を獲得したところでは、従業員が大量に解雇されたという。研究所の報告では、マニラで大幅の人員削減と限定的な再雇用が行われたという。ブエノスアイレスでは、スエズが肩代わりしてから水道事業の労働力が七六〇〇人から四〇〇〇人と、ほぼ半減した。政府とスエズの率いるコンソーシアムであるアグアス・アルヘンティーナが、資金を出し合って実施した任意退職計画の結果である。アグアス・アルヘンティーナは人員削減後も何千という職を創出したと主張しているが、調査によれば、かたちばかりの手当しか出ない短期契約の仕事（三ヵ月から六ヵ月）だった。ジャカルタでは、平等な賃金と市内の水道事業権契約の取り消しを要求した従業員が、一九九九年四月にストに踏み切った。多国籍企業はこうした賃金減らしを、利益を維持する適切な手段とするだろうが、このような解雇が社会の混乱や給水の中断につながる恐れがある。持続的なサービスが必要なことを考えれば、上下水道事業などの公共事業は、「公共」性を維持しなければならないのだ。

多くの多国籍企業と同じように、スエズはそれ自体、政治的利益団体でもある。CEOのジェラール・メストラレはフランス政府の運輸、経済、財政の各省で働いたことがあり、財務省では産業問題の顧問を務めた。スエズはアメリカの子会社から政治活動委員会を通じて連邦議会の選挙に寄付金を出し、二〇〇〇年の選挙期間中には任意に一四万一一五〇ドルの献金をした。スエズはまた、水道などの公共サービスの民営化に有利な新しい規則を、WTOで通そうとする大企業のロビー組織、欧州サービス・フォーラムの中心的な存在でもある。

ビベンディ帝国

ビベンディは、二〇〇〇年一二月にフランスの有料テレビ、カナル・プラスと組んでシーグラムと合併するまでは、北米ではあまり注目されてこなかった。合併によって、世界最大のマルチ・ユーティリティ・プロバイダーが誕生したのだ。新コングロマリットはビベンディ・ユニバーサルと改名され、水道、メディア、エネルギー、通信、輸送などが統合された企業イメージにふさわしい社名となった。

社会学者ジャン・ピエール・ジョゼフによれば、フランスにおけるビベンディ・ユニバーサルはタコのように触手を伸ばしている。二〇〇一年一月のある論文で、彼はこう書いた。「サンテティエンヌやマルセーユで見かけるティーンエージャーを思い浮かべてほしい。彼はコップ一杯の水道の水を飲んでから、友達に電話をかける……それから宿題にとりかかった。使うのはナタンかボルダスのテキストで、ラルースの辞書で単語を引く。……それからボブ・マーリーかゼブダかニルヴァーナのCDを聴きおわり、息抜きにパテ映画館へ行き『シンドラーのリスト』か『グラディエーター』を観る。さもなければ、ディアブロかウォークラフトのパソコンゲームをする。その間、彼の父親……は三大テノールかデューク・エリントン［または］……U2の演奏を聴いたが、しばらくして『カナル・プラス』をつけて……仏AOLのオンラインで仕事を探し……［それから］ゴミを出して、オニクスに収集してもらった。一方、医者である奥さんは医学雑誌の『ヴィダル』と『コティディアン』の記事を読む……携帯電話のSFRで同僚と話してから、幼い娘の世話をする。その娘は……オンライン書店フランス・ロワジールで買った本を読んでいる。何をしていても、この家族にはビベンディ・ユニバーサルがついてまわるのだ」

ビベンディ・ユニバーサル帝国は二大部門、ビベンディ・エンバイロメントとビベンディ・コミュニケーションズに分かれている。環境事業で世界一のビベンディ・エンバイロメントは四つの下位部門——水道・エネルギー・廃棄物管理・輸送——に分かれている。通信および視聴覚事業で世界第二位のビベンディ・コミュニケーションズは、六つの下位部門——音楽・テレビ・映画・出版・通信機器・インターネット——を擁する。二〇〇〇年のビベンディ・ユニバーサルの総収入は四四九億ドルで、そのうちビベンディ・エンバイロメントが六〇パーセント近くを占めていた。グローバルな企業だけあって、ビベンディの収益の五八パーセントはフランス以外で生みだされ、一八パーセントがアメリカからのものだ。この複合企業にとって次に大きな収入源は水道会社、ゼネラル・デ・ゾー（ビベンディの主要な国際的水道会社）とUSフィルター（アメリカ最大の水道会社）だ。

ビベンディ・エンバイロメントのなかでも水コンソーシアムは、ビベンディ・ユニバーサル全体を支えるドル箱である。二〇〇〇年一月、ビベンディは環境部門と利益の大きい水道会社に負債をすべて押しつけ、通信部門の赤字転落を免れた。水道事業がこの帝国の将来のカギを握っているのである。

ビベンディ・ユニバーサルのマーケティング戦略は世界的な水道サービスの民営化と事業権契約の獲得に集中している。一九九九年だけで、ビベンディは多くの都市——アジアでは中国の天津、韓国のインチョン、インドのコルカタ、中東ではモロッコのタンジールとテトゥアン、レバノンのベイルート、東ヨーロッパではハンガリーのセゲド、チェコのプラハ、中部ヨーロッパではベルリンのRWE、アフリカではケニアのナイロビ、ニジェール全国、チャド、ラテンアメリカではコロンビアのモンテリア——と長期の水道契約を結んだ。ビベンディはこの年の五月にUSフィルターを買収し、アメリカとカナダでも一連の事業権契約を獲得した。アメリカ最大の上下水道会社でライバルの一四倍も大きい市場をもつUSフィルターは、ビベンディが水道事業を展開していく上で多大な期待がかけられている。

だが、スエズの場合と同じく、ビベンディも水道サービスの提供に苦労した。一九九九年に、プエルトリコ政府はビベンディの子会社コンパニーア・デ・アグアスの子会社が経営する水道局PRASAの上下水道の整備と修繕が不充分だと、八月の公式報告書で指摘した。

二〇〇一年五月、プエルトリコ会計検査院はPRASAに関する別の報告書を発表し、水道インフラの運営管理と整備面で三一八一件の欠陥を指摘した。この報告によれば、PRASAの運営赤字は一九九九年八月の二億四一〇〇万ドルから二〇〇一年五月の六億九五〇〇万ドルに増加し、未徴収の水道料が一億六五〇〇万ドルもあった。コンパニーア・デ・アグアスを通じて民営化されて以来（一九九五年から二〇〇〇年）、米環境保護局（EPA）はPRASAに総額六二〇万ドルの罰金を課した。会計検査官マヌエル・ディアス・サルダーニャは語る。この民営化は「プエルトリコにとって最悪の取引であり、このままPRASAを運営管理しつづけることは不可能だ」。

他の場所では、ビベンディがアルゼンチン政府を、世界銀行グループの一機関である投資紛争解決国際センター（ICSID）に訴えた。トゥクマン州がビベンディを提訴するのを、政府が阻止しなかったのは、二国間投資協定違反だというのが理由だ。投資紛争解決国際センターは訴えを却下し「アルゼンチンが、トゥクマン州の情勢や二国間投資協定下のアルゼンチン政府の義務遂行に関するビベンディの要請にも対処していない証拠はない」とした（フランスはアルゼンチンとの間に二国間投資協定を締結している）。

ケニアの首都ナイロビの水道料金請求および徴収システムを管理する、セルーカ・スペースとビベンディのジョイント・ベンチャーをめぐっても論争が起こった。二〇〇〇年八月刊の週刊紙『イースト・アフリカン』に掲載された、ピーター・ムナイタの記事によると経緯はこうだ。ビベンディの子会社ゼネラル・デ・ゾーとイスラエルのタンディラン・インフォメーション・システムとのジョイント・ベンチャーで、セルーカ・スペースは、「新しい貯水池や配水システムには投資しない。契約が有効な一〇年間、同社は投資するかわり、市役所に新しい請求書作成システムを設置するために［非公開の］ある金額を投じることになる。それによって、会社が得る利益は一〇年間の［推定］総徴収額一二七億ケニア・シリングの一四・九パーセントになる……ナイロビ市の助役ジョー・アケッチはこの取引に反対し、わずか四五人のスタッフと引き換えに、三五〇〇人が職を失った」

ベルリンでは、ビベンディの水道料金と配当保証（生産性に関係なく一五パーセントの利益保証）が憲法違反だとして緑の党が裁判を起こした。ドイツ憲法裁判所もその訴えを認めた。ビベンディは裁判所の判断に従う方向で、契約内容について交渉し直すと約束した。イギリスでは、ビベンディとスエズおよびブイグによるジョイント・ベンチャーが世間の非難を浴びた。イギリス政府に水道料の値下げを命じられたコンソーシアムが従業員を解雇したからだ。

水道などのサービス事業のために市場を確保しようとするビベンディ・ユニバーサルは、自らの政治的な役割を開拓するのに忙しく、一連の新しいグローバル・ルールを設定し、国境を越えたサービスの指針を打ちだそうとしている。ビベンディは最も強力な二つの大手ロビー団体、米サービス産業連盟と欧州サービス・フォーラムの両方に属している世界でも数少ない多国籍企業の一つなのである。

エンロンの賭け

二一世紀の夜明けを迎えて、潜在的に収益性の高いグローバルな水市場は、フランスに本社をおく二大企業、スエズとビベンディが独占していた。この二社はグローバル市場の七〇パーセント以上を押さえ、一三〇以上の国々で事業を展開していた。だが、市場はまだ初期段階にあったのだから、どのマーケット・アナリストも「彼らの支配をゆるがすのは誰か？」ということを気にしていた。おおかたの予想では、両社の支配に割りこむのはグローバルな水道産業の第二のカテゴリーに属する企業だった。そこに属する企業は、スエズとビベンディに対抗できるだけの資本もあり、グローバルな市場で事業を展開する能力ももつ。しかし、そのためには第二のカテゴリーのどの企業も、第三のカテゴリーの水道企業がもつ専門技術と経験をかりて力をつけなければならない。そこに登場したのが、エンロンである。グローバルなエネルギー・サービス業大手のエンロンは、新設企業の水道会社アズリックスを引き連れていた。

エンロンは目覚しいペースで成長した。オンラインにおけるエンロンのエネルギー・マーケティング・システムは世界最大の電子商取引サイトに成長し、エネルギー卸売事業部門はライバルに大きく水を開け、二倍の天然ガスと電力を供給していた。エンロンの輸送サービス・グループは天然ガス・パイプラインを運営するためにつくられ、エンロン・エネルギー・サービスは商工業をターゲットとする小売部門になった。

エンロンの一九九八年のプレスリリースによれば、会社は「水道の民営化という世界の趨勢に乗る」ことにした。イギリスのウェセックス・ウォーターを買収したあと、上下水道事業の大手になる可能性のあるアズリックスを子会社とする準備が整い、エンロン従業員の希望の星と目されるレベッカ・マークがアズリックスの社長兼CEOに抜擢された。「世界中の水が民営化されるまで休まない」と断言したマークは、アズリックスを自治体への配水の運営、給水場の建設、下水道網の開発、下水処理時に出る汚泥の処理など、幅広いサービスを提供できる会社に変えた。ウェセックス・ウォーターの経験を土台に、アズリックスはアルゼンチン、インド、ボリビア、メキシコ、カナダなどで水道会社の買収や水道事業権の契約を獲得したが、ブラジルでもジョイント・ベンチャーを立ち上げた。一九九九年には、アメリカとカナダで上下水道プロジェクトを運営し、カナダに本社をおくフィリップス・ユーティリティーズを買収した。こうした動きとともに、エンロン自体のマーケティング・ノウハウと電力および天然ガス産業との結びつきが、グローバルな水市場のニッチを開拓するのに役立った。

エンロンの強力な政治的コネも大いにプラスになった。ジョージ・H・W・ブッシュ（父）、ビル・クリントンという二人の大統領が政権を握っていた当時、エンロンがホワイトハウスにコネをもっていることはワシントン界隈で周知のことだった。そしてジョージ・W・ブッシュ

（子）の当選によって政治的なつながりはさらに深まったようだ。二〇〇〇年の大統領選挙では、エンロンのCEOケネス・レイはブッシュのパイオニア・グループのメンバーだった。このグループには、ブッシュの選挙運動に一〇万ドルないしそれ以上の額を個人的に献金した四〇〇人ほどの人たちがいる。ケネス・レイはブッシュ大統領のエネルギー諮問委員会とディック・チェイニー副大統領を議長とする新設の国家エネルギー政策開発グループの中心的存在になった。エンロンはほかにも現金でかなりの額を寄付した。ブッシュの大統領就任パーティに三〇万ドル、二〇〇〇年の選挙期間中に総額で二三八万七八四八ドルを候補者たちに献金した。さらに、エンロンはサービス産業連盟、全米外国貿易協会、アメリカ国際ビジネス評議会など大手企業のロビー団体ネットワークでも幅をきかせていた。

しかし、親会社であるエンロンの経済力と政治力によっても、アズリックスはグローバルな水市場の大手になる決め手をもたなかった。収益性の高い水道事業権の入札競争で、スエズとビベンディなどのグローバル企業に太刀打ちできなかったのだ。

アズリックスは短期間に多くの困難を経験した。アルゼンチンの首都ブエノスアイレスから四二〇マイル南西にあるバイアブランカの水道事業では挫折を味わった。アズリックスが運営していた同市の水道システムに対し、水質が劣悪で水圧も低すぎるとして、住民が何度も苦情を訴えていた。二〇〇〇年の初めに、市当局は貯水池で藻類が大発生し、そのために水道水が細菌で汚染されたと市民に注意をうながした。公衆衛生局長アナ・マリア・レイマースは語っている。「二五年も働いていますが、これほど危機的な状況になったのは初めてです」

水道システムの民営化によって、責任のたらいまわしがますますひどくなる。バイアブランカにおけるアズリックスのような水道事業権では、政府が直接かかわっていないので、公営の水道局よりも規制しにくくなるのだ。二〇〇一年一月に発表された報告では、州知事カルロス・ルカウフはアズリックスとの三〇年契約を無効にすることを検討するよう州議会に求める予定だった。その後の報道によれば、ジュリアン・ドミニケス公共事業大臣が契約の無効ではなく、契約条件を改善する交渉の道を選んだ。二〇〇一年二月、アズリックスは苦情に対処するために三〇〇〇万ドルを支出して上下水道サービスの改善にあてることに合意した。しかし同年七月、アズリックスはブエノスアイレス州政府に書簡を送り、採算がとれないと伝えた。九月にはアズリックス・ラテンアメリカ支社のCEOジョン・ガリソンがルカウフ知事とドミニケス大臣に会って、事業権契約の取り消しの準備を進めた。同時に、日刊紙『エル・ディア』は、アズリックスがブエノスアイレス州に対して四億ドルの賠償金を求める訴訟を起こしたと報じた。

二〇〇一年四月、エンロンは経営難におちいったアズリックスを整理して資産を売却すると発表した。こうしてエンロンの賭けは失敗に終わった。『グローバル・ウォーター・インテリジェンス』によれば、「水道部門に失望した」エネルギー・サービス業大手のエンロンには、この業界の市場競争を生き抜ける水道会社を、時間をかけてつくるのに必要な「忍耐力」がなかった。四ヵ月後、アメリカン・ウォーター・ワークス社は、アズリックスの北米資産を買収したと発表した。この買収で、アメリカン・ウォーター・ワークスはアメリカの南東部と北西部、カナダの三州の水市場でその存在感を高めることになった。

しかし、エンロンによるアズリックスの解体は、自らの劇的な崩壊の前兆だった。八ヵ月後、グローバルなエネルギー・サービス業大手が破産を申請すると、すぐに債権者と規制当局および政治家が、借金を抱えたエンロンの首の輪縄を締め上げた。急成長をとげ、財務的に健全な企業の星としてグローバル・フォーチュン五〇〇社にランキングされるかわりに、エンロンの前には二〇〇一年一二月になって総額で一三〇億ドルもの負債の山があらわれたのだ。米証券取引委員会(SEC)によるエンロンの会計処理と潜在的な利害対立の調査が進むにつれて、公共サービスの民営化と規制緩和の動きの先鋒を務めたエネルギー業界の巨人は、いまや史上最大の破産申告をしたことで知られるようになったのである。

ライバルの出現

世界の水市場への参入を企てた挑戦者は、エンロンが最後ではなかった。数兆ドル規模のぼろ儲けが可能とあれば、コングロマリット数社にまかせておく手はなく、新しい挑戦者が出現する兆候もすでに見える。何社かは今後、スエズとビベンディの水帝国に挑戦できる位置につきうるかもしれない。企業の合併と買収の両方、またはそのどちらかがさかんに行われ、成功すればグローバルな水市場の独占を阻止し、多くの民営化勢力を解き放つ可能性がある。また最近浮上した二社は、ドイツに本社をおく企業だ。

最初の企業は、テムズウォーターを買収してグローバルな水市場で実績を積んだマルチ・ユーティリティの大手ＲＷＥである。ＲＷＥはドイツの電力会社としては二番手で、廃棄物管理でも大手である。現在、ＲＷＥは平均して年間収入が四〇〇億ドルを超えているＲＷＥは、グローバル・フォーチュン五〇〇社の上位にランクされ、最近では事業を再編成して、エネルギー、水道、廃棄物管理、通信などのサービスを世界の中心市街地に供給するマルチ・ユーティリティ企業になろうとしている。水市場では、ＲＷＥはハンガリーのスエズとベルリンのビベンディとのジョイント・ベンチャーを通じて、「メジャーリーグ」入りをはたそうとしている。二〇〇〇年九月のテムズウォーター（当時は第三カテゴリーの主要プレーヤーだった）の買収は、水部門におけるＲＷＥの国際的な存在感を強めるのが目的だった。

買収から一年後、ＲＷＥの総収入は二九パーセントも増加して、六二〇億ユーロとなり、営業利益も三五パーセント増加した。テムズウォーターの力を拠りどころとするＲＷＥの水道部門は増益の二〇パーセントを占めていたほか、ＲＷＥ傘下となった最初の年にテムズウォーターは市場を拡大しはじめていた。一九九五年に上海で水処理場（こういうものを中国で建設したのは、この外資系企業が初めてだ）を建設したのち、二〇〇一年には同市の水道システムを国有のプートン（浦東）水道会社と共同経営する契約を手に入れた。また、タイの二つの州に水を供給する二億四〇〇〇万ドルの契約を獲得したが、これは二〇〇一年までに交わされた水道の事業権契約としてはアジアで最高額だった。

これだけの契約を手に入れても、テムズウォーターはイギリスでは批判の的となっている。二〇〇一年七月二七日、マイケル・ミーチャー環境相はこう語った。「テムズウォーターの能力には不安を感じる。漏水を減らすことはおろか、水の供給先も完全に把握しておらず、まったく話にならない。事態を改善するためにイギリスにおける水道産業の規制機関ＯＦＷＡＴが提案した断固とした処置を、全面的に支持する」。ＯＦＷＡＴによれば、一九九九年四月から翌年同月までに、テムズウォーターが失った水でオリンピック・サイズのプール三〇〇面が毎日一杯にできる。二〇〇一年八月、公判で罪を認めたテムズウォーターは、イギリスの民家のすぐ近くを流れる川を未処理の下水で汚染したかどで二万六六〇〇ポンドの罰金を徴収された。

二〇〇一年九月、ＲＷＥは新しい挑戦者の立場を強化するために別の手を打った。アメリカン・ウォーター・ワークスとアメリカにおけるその水道事業を買収したのだ。これには、エンロンが売ってまもないアズリックスの北米資産も含まれていた。

ドイツのエネルギー関連企業の大手ＥＯＮ（エーオン）も、世界の水市場を独占している企業に対抗しようとする挑戦者だ。マルチ・ユーティリティ企業として事業の多角化をめざすエーオンは、成長しつつある民営水道事業に参入すべく、二〇〇〇年に企業買収に乗りだした。最初にスエズとエンロンに協議をもちかけたがまとまらず、エーオンは次にフランスの建設および通信企業のブイグが所有する水道子会社サウルを手に入れようとした。サウルはビベンディとスエズに次ぐ世界有数の水道会社だが、上位とは大きく水を開けられている。エーオンのように豊富な融資のできるコングロマリットの後押しがあればさらに発展できたかもしれないが、いまのところブイグにはサウルを手放すつもりがなさそうだ。

一九九九年までに、サウルはラテンアメリカをはじめ世界八〇ヵ国で事業を展開するようになった。二〇〇〇年九月、サウルはスペインの水道会社アグアス・デ・バレンシアと合併して新しいコンソーシアムを形成し、ラテンアメリカに民営水道の市場を新たに開拓しようとした。一年後の報告によれば、サウルはアズリックスがまだブエノスアイレスにもっていた資産を手に入れようとしてエンロンと交渉していた。同時に、アフリカ北東部のマリに水道と水処理施設を建設する主要事業者の契約も得た。マリの契約は、サウル・インターナショナルがアフリカのコートジボアール、セネガル、ギニア、中央アフリカ共和国、モザンビーク、南アフリカなどで展開していた一連の水道および電力事業の一環である。ポーランドでは、ビベンディをだし抜いてルーダシュロンスカの上下水道設備の運営と近代化を目的とした二五年契約を獲得している。

RWE－テムズやエーオン、または第二、第三カテゴリーのどのプレーヤーが提携してスエズとビベンディに対抗するしないにかかわらず、民営化の波は押し寄せるだろう。これら企業軍団による民営化を阻止しなければ、生命にとって不可欠な水は二一世紀の最初の一〇年で、ほぼ全面的に商品化されるだろうし、それはいとも容易なことなのだ。

民営化による大失敗

水の民営化がこのまま拡大しつづければ、不公正で持続不可能という未来は避けられない。民営化によって社会と「コモンズ（共有財産）」は新たな側面から攻撃され、憂慮すべき事態を招くことになる。とりわけ、グローバルな水道企業の活動履歴とそれによる労働、生活の質および環境への影響を、入念に調べておく必要がある。

一九九七年のある会議で、エンロンの社長ジェフリー・スキリングは民営化を支持して、こんな助言をした。「思い切ってコストの五、六〇パーセントを削る。人員削減だ。とにかく人を徹底的に減らす。さもないと、何ごともうまくいかない」。スキリング社長の発言は、いささか過激なレトリックだとしても、多大な利益を追求する多国籍企業の経営哲学を反映している。利潤を極大化することに意義があるから、経費削減は解雇を意味し、同時に収益を増やすために水道料金を引き上げるのだ。

スエズによるマニラとブエノスアイレスでの水道事業の買収、アルゼンチンなどの国でエンロンが経験した労使の問題は、こうした民営化のやり方の実例となる。マニラでは、スエズとユナイテッド・ユーティリティが水道の事業権契約を獲得したあと解雇を実施した。ブエノスアイレスでは、七六〇〇人いた水道会社の従業員がスエズによる買収ののち四〇〇〇人に削減された。エンロンもイギリス、アルゼンチン、グアテマラ、インドで労働組合の見解に反対してきた。ベルリンの事業権のように、強制力のある厳しい雇用保護の条件を政府が企業と交渉しないかぎり、今後も職を失う者が出るだろうし、労働者の権利が危険にさらされることが予想される。

それよりも不安なのは、世界の水市場における主要企業の安全衛生基準だ。たとえば、一九八五年にペンシルベニア州のスリーマイル島で起こった原子力発電所事故では、事故処理作業中に安全手順を省いたとしてベクテルがアメリカ原子力規制委員会の調査機関に罰せられた。一九九五年には、前年に起こったテキサス州パサデナのメチルアルコール工場の爆発で多くの安全基準に違反したとして、エンロンも罰金を課された。これらは産業活動の他部門で起こった過去の安全衛生基準の違反例だが、同じ企業が給水事業にかかわっている、またはかかわろうと計画している以上、誰しも不安にならぬわけにいかない。

同じく、多くの企業の環境に関する実績も、民営の水道経営が持続しえない事実を証明している。イギリス環境局によれば、この国の最も悪質な環境法違反には主要な水道会社によるものが多いという。一九八九年から九七年までの間に、アングリアン・ウォーター、ノーザンブリアン・ウォーター、セバーン・トレント、ウェセックス・ウォーターとヨークシャー・ウォーターは漏水から汚水の不法処理にいたるさまざまな法律違反をおかしたとして、一二八回も起訴されている。

民営化モデルそのものが、企業と通常はその取引相手となる地方自治体との間に力の格差を生む。一般的な水道の事業権では、民間企業の手に力が集中することになる。行政の力は大幅に減少し、水道へのアクセスと水質に関する最低条件を決めることが不可能でないにしても困難になる。水質基準を満たしていない企業が水道料金を引き上げつづけるのを罰するのも容易ではない。

民営化モデルは、効率の向上や公正な分配よりも、企業の増益を主な目的としている。イギリスの別の例によって説明しよう。スエズの子会社ノーザンブリアン・ウォーターの場合だ。一九八九年から九五年までに、ノーザンブリアンは水道料金を一一〇パーセントも値上げした。CEOの俸給は一五〇パーセント増え、会社の利益は八〇〇パーセントも増加した。この民営化モデルには最初から誤りがあった。水の消費を増やそうとするが、資源の保全には配慮しようとしないため、いずれ持続できなくなるからだ。

グローバルな水道産業のありかたに疑いを抱かせる訴訟問題があった。有名なものとしては、フランスのグルノーブル市におけるスエズへの訴訟がある。汚職容疑の調査をすませた予審判事団は、一九八九年に民営化されたグルノーブルの水道事業はスエズ・リヨネーズ・デ・ゾーが市長のアラン・ケゴンの選挙運動に総額で一九〇〇万フランの寄付をした見返りとして認可されたものだと結論した。一九九六年に、ケゴン市長（当時フランス中央政府の通信相）とジャン・ジャック・プロンセー（当時スエズの国際廃棄物管理部門のCEO）は、それぞれ収賄と贈賄の罪を問われて有罪になり、禁固刑に処せられた。

フランスのアングレーム市とビベンディの贈収賄事件もある。一九九七年に元アングレーム市長ジャン・ミシェル・ブシュロン（のちに中央政府の副大臣）は、同市公共サービスの事業権契約の入札に応じた企業から収賄したとして禁固二年の刑（執行猶予付）を言い渡された。公共サービス国際研究所（ＰＳＩＲＵ）のデービッド・ホールの報告によれば、水道の契約を取ろうとしてゼネラル・デ・ゾーの重役がレユニオン島のサンドニ市長に贈賄した罪で有罪になった。一九九八年にも、エンロンの子会社ポートランド・ゼネラル・エレクトリックはオレゴン州控訴裁判所から、年に二一〇〇万ドルも多い水増し請求をしていたと裁定されている。

民営化の支持者は営利目的の企業のほうが選挙で選ばれた政府よりも、説明義務が強化され透明性が確保しやすいと主張したが、実態はその反対である。国境を股にかけて操業する水道企業がかなりの利益を手にする一方で、水道料金が大幅に値上げされた民営化地域が少なくない。こんなことが起こる理由として、民間企業の目標が社会に奉仕することでも、また採算を度外視してすべての利用者に水を公平に分配することでもないからだ。民間企業の目標は株主への奉仕である。水ビジネスから得られる莫大な利益に象徴される力の集中は、企業幹部の権力乱用を招いている。

民営化という政治課題の背後には、公共サービスを提供する部局が非能率だとの前提がある。そういう例もあるだろう。しかし全体としてはそうでもない。チリの例を見よう。一九九八年以降、チリの公共水道事業の大半は、民間の大手水道企業に株式を売却して部分的に民営化がなされてきた。だが、このように民営化される以前、公営水道が非常に効率的だと認められていた。一九九六年に開発途上国六ヵ国で実施された比較研究で、世界銀行はチリの公共水道企業のなかでもＥＭＯＳを高能率の模範例とした。ＰＳＩＲＵが指摘するように、財務効果のある公共水道事業は民間部門に利益の機会を提供する。ＰＳＩＲＵのデービッド・ホールは語る。「公共サービス担当部局のほうでは予算を確保したいわけであり、また最も財務効果の高い水道事業を民営化して儲けたいというよこしまな動機もある」

ブラジルのサンパウロ州にある世界最大の公営水道ＳＡＢＥＳＰは、事業の近代化と効率化をはかるために一九九五年から大掛かりな組織再編に取り組んだ。この州の二二〇〇万の住民に水道サービスを供給しているＳＡＢＥＳＰは、一方では収益を上げ、他方では余剰コストを削減して非効率を除去するように再編された。ＰＳＩＲＵの報告によれば、九五年だけで「浄水処理された水道水のサービス管轄地域の人口は八四パーセントから九一パーセントに、下水道を利用できる人口は六四パーセントから七三パーセントにそれぞれ増え、断水戸数は八パーセントに減少した」。公営水道の運営費は四五パーセント減少し、ＳＡＢＥＳＰはいまや投資計画の融資をローンや自己資金でまかなえる立場にある。ＳＡＢＥＳＰは自らの環境責任を拡大し、その一環としてティエット川の清掃にも着手した。この種の環境プロジェクトとしては、ラテンアメリカで最大の規模である。

しかし、このように効率的な公営水道があるのに、コングロマリットによる民営化の波が押し寄せている。グローバルな水道王は一地方の配水システムを乗っ取るだけにとどまらない。彼らは結束して、水の大量輸出という分野をも征服しようとしているのである。

第六章　水カルテルの出現——企業と政府はいかに世界水貿易の準備を整えたか

一九九九年二月、カナダの『ナショナル・ポスト』紙の社説担当記者テレンス・コーコランは、二〇一〇年までにカナダを中心に水のOPECができると予測し、世界中の政財界をざわめかせた。一〇年以内に「カナダはアメリカに大量の淡水を輸出するようになり、さらに多くをスーパータンカーで地球上の水不足の国々へ運ぶ」のだという。彼の予測では、OPECが中東の主要産油国の国際的なカルテルであるように、カナダなど水資源に恵まれた国々は結束し、一〇年以内に「水のカルテルを結成し、値上げをもくろむだろう」。水の大量輸送によって巨利にありつけると知れば「カナダは率先してWWET（世界水輸出条約、豊富な水資源をもつ二五ヵ国が二〇〇六年に調印の予定）加盟に名乗りをあげるだろう」

二一世紀の夜明けには、グローバルな水輸出計画を推進する企業が次々と出現した。そのうちのグローバル・ウォーター・コーポレーション（グローバルH2Oと改名）によれば「水が無尽蔵の商品という常識はくつがえり、いまや力ずくで奪うこともある必需品になった」という。グローバルな市場システムにおける水の大量輸送であっても、企業にとっては需要と供給の関係ということになる。供給する側としては、水資源に恵まれた地域や国があり、湖沼や河川あるいは氷河というかたちで淡水を豊富に蓄えている。需要側には水の乏しい地域や国があって、砂漠化や帯水層の枯渇、汚染によって淡水が不足している。中東、中国、カリフォルニア、メキシコ、シンガポール、北アフリカなどのほかに、ほぼ全大陸の諸地域と国々である。企業は、確保した大量の水を対象となる需要地へ「支払い能力」に応じて供給し、価格には費用だけでなく可能なかぎり多くのマージンを含めるのだ。

一九九〇年代には、パイプラインやスーパータンカー、運河による輸送のほかに、ウォーターバッグ（水袋）やボトル詰めの水の大量輸送技術が開発された。水の大量輸出はコストがかかりすぎて採算が合わないという意見もあるが、世界銀行によれば、利用しやすい安価な水はもう開発されていて、新たな開発にはこれまでの二倍ないし三倍の費用がかかるという。

水の大量輸出は生態環境にも脅威となる。河川や湖沼から大量に取水すれば、生態系の混乱、生息環境の破壊、生物多様性の減少を招き、帯水層や地下水系を枯渇させた証拠もある。

パイプライン回廊

パイプラインは昔から灌漑用に使われてきた。だが、いまや大陸間規模で水を大量輸送する新しいパイプライン技術が開発されている。ヨーロッパでは、湧水をオーストリア・アルプスからウィーンへ輸送するハイテク・パイプラインが建設され、このパイプラインを外国へ伸ばす欧州水ネットワーク計画が考えられている。だが、これを疑問視するオーストリアの環境問題専門家は、大量輸出が高山帯のデリケートな生態環境に与えるダメージを警告している。

トルコでも、政府と企業が水を大量輸送する方法としてパイプラインに注目した。そのほかに改造された石油タンカーを使い、トルコのマナウガット川からキプロス、マルタ、リビア、イスラエル、ギリシア、エジプトへ水を輸送する。二〇〇〇年夏、イスラエルはトルコから四九〇億リットル強の水を買う交渉を進めた。トルコの水道会社は、その四倍から八倍の水を輸出できるポンプの設置とパイプの敷設をすませている。

イギリスでは、イングランドとスコットランドの企業がパイプラインとタンカーによる大規模な水輸出の可能性を探っている。淡水不足が深刻なイングランドの要望に応じ、スコットランドの水を送るのだ。既存のインフラを活用すれば、スコットランド北部とエディンバラから、ロンドンを含むイングランドまで、パイプラインを敷設するのはさほど難しくないという。

オーストラリア南部のアデレードで水の事業権契約を獲得したユナイテッド・ウォーター・インターナショナルも、水の大量輸出計画をねっている。同社の一五ヵ年戦略は、コンピュータ・ソフトの製造や農企業の灌漑用に、外国への水輸出を目的とし、輸送方法としてはパイプラインとタンカーの組み合わせを考えている。

パイプライン計画のなかで悪名高いものの一つが、リビアの国家元首ムアマル・カダフィ大佐による数十億ドル規模の計画だ。サハラ砂漠のクフラ盆地の地下帯水層から取水して他の地域へ水を大量輸送するのだ。プロジェクトのある段階では、直径四メートルのパイプライン二ルートが敷設され、沿海部の農場に年間七億立方メートルと北西山地の共同体に年間一億七五〇〇万立方メートルの水が送られるそうだ。

北米でもカリフォルニアなどの水不足地域へ、カナダ北部とアラスカの湖沼と河川や氷河の水を、大量輸送するパイプライン建設計画がねられている。ジョージ・W・ブッシュ大統領お声がかりのこのエネルギー・パイプライン建設は、石油や天然ガスだけではなく、水の大量輸出も念頭にあるとも憶測されている。

スーパータンカー

スーパータンカーによる水の大量輸出を求める声は高まっている。大量輸出には本来石油輸送用の巨大なスーパータンカーが使われるが、これが広がれば石油と水を輸送する船会社も出現するだろう。カナダの水専門家によれば、こうした船会社は往路に石油を運び、帰路に水を積むという。アラスカのアンカレッジ上下水道局の幹部によれば、アメリカから最初に水を運んだのは日本の三菱商事がリースした船かもしれない。海外へ石油の副産物を輸送したこのタンカーは一九九五年にアラスカ州エクルートナから数百万ガロンの水を積んで日本に帰った。

カナダのブリティッシュ・コロンビア州政府は、一九九三年に水の大量輸出を禁止した。それ以前にいくつかの会社が設立され、それぞれが太平洋岸沿いにスーパータンカーで水を輸送する計画をねっていた。テキサスの会社が関係したある計画では、最大級のタンカー（五〇万重量トン）一二隻から一六隻の船団を二四時間操業させる予定だった。ある契約によると、カリフォルニアへの年間輸送量がバンクーバー市の水の年間総消費量に等しかった。ブリティッシュ・コロンビア州の政権が交代すれば輸出が解禁されることもあり、そうなると太平洋岸沿いのスーパータンカーによる水の大量輸送が一斉に始まるだろう。

アラスカは世界で最初に商業的な水の大量輸出を認可した司法管区で、その計り知れぬ可能性は広く知られている。輸出を支持する『アラスカ・ビジネス・マンスリー』によれば、アラスカのシトカ市には一〇〇万ガロン・タンカーに積載する量を毎日取水しても、この地域の現在の使用量の一割程度だという。アラスカ州エクルートナの輸出潜在能力は、一日に最高三〇〇〇万ガロン（約一億一三〇〇万リットル）と推定されている。同誌によると、「水が二一世紀におけるアラスカの輸出品として豊かな可能性を秘めていることは衆目の一致するところだ……水の輸出を考えていない町はない」そうだ。

カナダに本社をおくグローバルH２Oは、中国へ年に約六九〇億リットルの氷河水を三〇年間輸出する契約をシトカ市と結んだ。中国へ運ばれた水は、安価な労働力をフルに活用する「自由貿易地帯」でボトリングされる。シトカから中国などへ水を大量輸送するため、グローバルH２Oはシグネット輸送グループと戦略的な提携を結んだ。テキサス州ヒューストンに本社をおくシグネットはスーパータンカーの船団をもっている。シグネットの各タンカー（五万重量トン）で三億三〇〇〇万リットル以上の水が輸送できるのだ。

アラスカにおける水輸出政策の先駆的な立案者だった男が、市場動向をとらえて自分の水輸出会社を設立した。アラスカの地方政府で水関係の行政官だったリック・ダビッジは、この州の水の商業利用計画を発動させた当人であり、水の輸出を許可する政策上の枠組みも設定していた。それ以前、内務省の連邦土地政策グループの委員長を務めたほか、エクソン・バルディーズ号の原油流出事故では清掃作業に関する連邦および州政府の首席顧問だった。レーガン大統領時代には内務次官補代理（魚類・水生物・公園担当）だった。民間に移ってから、アラスカ・ウォーター・エクスポーツ社を設立し、一九九九年にコンソーシアム、ワールド・ウォーターＳＡも組織した。このコンソーシアムにはスーパータンカー船団を含む七〇〇隻以上の船舶を運航する日本郵船も参加している。

だが、現在の商船法のもとでは、グローバルＨ２Ｏとワールド・ウォーターは、カリフォルニアとアリゾナなど水不足の地域へ、アラスカの氷河水を輸送できない。アメリカでは、国内の別の港へ貨物を輸送するとき、商船法の規定に従う義務があり、その場合、アメリカの船舶と船員で輸送することになる。現段階では、どちらの会社もその条件を満たしていないため、アラスカの淡水をスーパータンカーで中国や中東へ輸送するのはさしつかえないが、ロサンゼルスやサンディエゴへの水の大量輸送は認められないのだ。

大運河

かつての水の大量輸送方式、つまり運河計画が近年復活している。新しい工学および建設技術のおかげで、運河は大陸間規模で計画され開発が進んでいる。グローバルな大手水事業会社スエズは、スエズ運河のような運河をもう一つ、ヨーロッパに建設する計画を立てている。最近は、全長約二五七キロの幹線水路を建設する計画を発表したが、これはローヌ川の水をフランスからスペイン東部のバルセロナまで引くものだ。

水を大量輸送する運河に関しては、世界各地に多くの計画があるが、北米で構想されている壮大な運河ほどのものは他に見られまい。自然の河川系の流路を変えてカナダからアメリカへ大量の水を送るという大運河計画がいくつかあった。そのなかで特にきわだっているのが、文字通りGRAND（グレート・リサイクリング・アンド・ノーザン・デベロップメント）運河と名づけられたものである。GRAND運河計画の原案では、ケベック州北部に位置するハドソン湾の奥にあるジェームズ湾を横断する堤防を築き、湾に流れ込む二〇本の河川の水をたくわえ、約八万平方キロの巨大な淡水貯水池をジェームズ湾につくることになっていた。

一九八〇年代半ばにGRAND運河構想を推進したのは、巨大なジェームズ湾水力発電建設プロジェクトを仕切ったケベック州知事ロバート・ブーラッサと、アメリカとカナダが結んだ自由貿易協定でカナダ側を代表して交渉にのぞんだサイモン・ライズマンである。自由貿易の交渉者に任命される前、ライズマンはオタワで一〇〇〇億カナダ・ドル事業のGRAND運河案を推進する四社のコンソーシアムのためにロビー活動をしていた。コンソーシアムの代表は、この計画を構想した技術者で、カナダ有数の投資家でもあるトーマス・キーランズである。主要メンバーの一つは、アメリカの総合土建業の最大手で水道民営化の主役でもあるベクテルだった。貿易交渉の当事者として、ライズマンはアメリカが貿易の自由化に興味をもつよう仕向けるために、GRAND運河の構想を打ちだした。

別の巨大運河案、NAWAPA(北米水道電力同盟)は、アラスカとブリティッシュ・コロンビア州北部の水をアメリカの三五州へ大量輸送することが目的だ。一連の大型ダムを建設し、ユーコン、ピース、リアードなどの河川の水をロッキー・マウンテン峡谷に集めるのだ。ここに長さ八〇〇キロの貯水池ができて、ブリティッシュ・コロンビア州の一〇分の一が水没する。これでアラスカからワシントン州まで運河が形成され、そこから既存の運河やパイプラインによって三五州に水が供給される。

カリフォルニアの起業家グループが最初に計画したNAWAPA運河の建設費は、推定五〇〇〇億ドルだった。GRANDとNAWAPAの運河計画は、発案当初から財務の面で実現が難しかったために先送りされているが、近く復活する兆も見られる。

他の国でも多くの大運河計画が構想されている。中国の三峡ダム計画は壮大であり、その一環として長江の水を北京へ引き、商工業の利益をはかろうとする計画もある。全長四二〇〇キロのトンネル網の掘削工事はすでに完了した。このトンネルは長江の中流から水を抜くためのもので、そこから高い山並みに通した水路を使って送水するか、全長一二三〇キロの新しい運河で北京に引水する。「このプロジェクトはアメリカが首都ワシントンの水のニーズを満たすためにミシシッピ川の流路を変えるようなものだ」とワールドウォッチ研究所は言っている。

ウォーターバッグ計画

飲料水を大量に海上輸送する方法としてスーパータンカーに匹敵するのが、ウォーターバッグで、これはタグボートで曳航する密封された巨大な水の袋だ。この技術の研究開発が専門のメドゥサ（本社カナダ）によれば、スーパータンカー五隻分の容量があるウォーターバッグを約一・二五パーセントのコストで製造できるという。ウォーターバッグが効率的であることがわかれば、四〇万立方メートルくらいの水をスーパータンカーで輸送するのは不経済だということになる。

メドゥサはまた、顧客の要望に応じた製品を開発できると言っている。バッグのサイズ、形状についてはどのようにも対応でき、使用する材質、曳航の費用、年間輸送量、配送ルートの沿岸部の特徴など、さまざまな要因に応じた製品がつくれるそうだ。一七五万立方メートルの積載容量のあるバッグを、長さ六五〇メートル、幅一五〇メートル、深さ二二メートルで、上部と底が平らな流線型にも設計できるという。

この新技術を利用した水の大量輸出には、すでに数社が着手している。イギリスのアクエリアス・ウォーター・トランスポーテーション（スエズも出資）は、タグボートで曳航するポリウレタン・バッグによる淡水輸送を商業ベースにのせた会社だ。バッグ「艦隊」は、容量七二〇トンのもの八個と二〇〇〇トン（二〇〇万リットル）のもの二個で編成される。水道事業のコングロマリット、スエズが出資するアクエリアスはウォーターバッグの技術で、一九九七年からギリシアの島々に水を輸送している。ポリウレタン・バッグはイギリスで製造され、独立した政府機関が検査し認可している。地中海への水輸送に使われるバッグのほか、アクエリアスは容量二〇〇万リットルのバッグを短距離輸送に用いている。

ノルウェーのノルディック・ウォーター・サプライは、ポリエステルの両面にポリマーコーティングをした耐海水性、耐紫外線性にすぐれたウォーターバッグを開発した。タグボートで曳航するこのバッグを使い、同社は二〇〇〇年からトルコのアンタルヤ港から北部キプロスまで飲料水を輸送している。アクエリアスのより大きいバッグだと、一九〇〇万リットルの水が運べる。通年使用が可能で北海の荒海に耐えるように設計されている。

カリフォルニアを拠点として活動する起業家テリー・スプラッグは、ウォーターバッグによる別の輸送法を開発した。スプラッグは、一回の曳航で多くの水を輸送したほうが経済的だと考えて、最高五〇個の小型バッグ（各バッグの容量は約一万七〇〇〇立方メートル）を曳航する列車式の輸送方法を考えたのだ。

いま、ウォーターバッグ技術は開発の初期段階にあり、経済的に、また環境面から見て、普及するかどうかはまだ明らかではない。バッグ式の水輸送に関心をもつ政府もあるが、スーパータンカーにとって代わるには技術の洗練が必要で、それには資金の投入が欠かせない。水の大量輸送法としては、スーパータンカーよりも衛生的で安全のようにも思えるが、それだけで環境に好ましいとはかぎらない。もとあった場所から淡水を奪う以上、環境への悪影響は避けられないのである。

ボトル詰めの水

水の輸出方法として軌道にのっているのは、ボトル詰めの水だ。いま、世界で急成長している産業で規制もゆるやかである。一九七〇年代にはボトル詰めの水の年間貿易量は約一〇億リットルだったが、一九八〇年には二五億リットルに増え、八〇年代末には七五億リットルが世界中の国々で消費された。だが、ここ五年間の売上高はさらに飛躍的に伸び、二〇〇〇年には八四〇億リットルに達した。しかもその四分の一は原産国以外で消費されていた。

ボトル詰めの水の商品名はペリエ、エビアンなど無数にある。ボトル詰めの水業界で世界のリーダーであるネスレは、ペリエとヴィッテル、サンペレグリノなど六八種類の商品を扱っている。ペリエの元会長はこう語っている。「あるとき、ふと思いついた……地下水を取り出して売れば、ワインや牛乳、または石油よりも高く売れはしないか、と」。ボトル詰めの水は欧米諸国のわがままな消費者が気取って飲んだのが最初かもしれないが、ネスレは安全な水道水が飲めない非工業国に、成長しつつあるボトル詰めの水のニッチ市場を見出したのだ。

コカ・コーラ、ペプシコ、プロクター・アンド・ギャンブル、ダノンなど、ネスレ以外の飲料業界の大企業もボトル詰めの水を扱いはじめた。清涼飲料水の最大手が参入したために市場は拡大するだろう。現在、先頭に立っているペプシコの製品はアクアフィナだが、コカ・コーラはダサニという商品名で北米向けに売りだし、同時に国際銘柄のボンアクアも販売している。

だが、企業が売りこもうとしている「きれいな湧水」というイメージとは裏腹に、ボトル詰めの水が水道水より安全だとはかぎらないのである。アメリカに拠点をおく自然資源防衛評議会（NRDC）が一九九九年三月に発表した調査結果によれば、調査対象の一〇三銘柄のうち、三分の一にヒ素や大腸菌などの汚染物質が含まれていた。ボトル詰めの水の四分の一は水道水に多少の処理をして精製したものだ。ボトル詰めの水は水道水よりも検査の基準が甘く、水質基準も低く設定している国が多い。NRDCの報告では「湧水と称する銘柄は……近くに有害廃棄物のゴミ捨て場がある産業施設の駐車場の井戸から取水したものだった。米食品医薬品局の基準値を上回る工業用化学薬品で汚染されていたこともあった」

ボトル詰めの水が水道水よりも環境にやさしくて健康にもいいという謳い文句も誤解を招く。国連食糧農業機関によれば、ボトル詰めの水の栄養価は水道水と変わらない。ボトリングされた「泉」や「自然」の水に魔法のような効力があり、栄養価も高いという考えは「誤っている」と、食品医薬品局が一九九七年に発表した調査報告『発展途上世界の栄養』は明言した。

さらに、水を扱う企業の水源確保への強い欲求を満たすための不断の努力は、環境破壊につながるのだ。世界の農村部で、井戸水の獲得を目的として土地が買収され、井戸が涸れるまで汲みつくすとよそへ移っていく。ラテンアメリカ諸国では、外資系の水会社が広大な未開の土地だけでなく、開発を見越して川の水系をそっくり買い占めている。

しかもボトル詰めの水を扱う企業は、いわゆる私有財産権——水はコモンズ（共有財産）の一つであるにもかかわらず——によって、使用料を払わなくてもいいことになっている。ここ一〇年間にボトリング産業の取水量が五〇パーセントも増えたカナダでは、年に約三〇〇億リットル——カナダ人一人当たりはおよそ一〇〇〇リットル——の水を使う権利が、これらボトリング企業に法律で認められている。その半分近くがアメリカに輸出されているのだ。だが、政府に利権料を払っている石油産業や立木伐採料を払っている林業とは違い、ボトル詰めの水を扱う業界は取水料を払っていない。

世界的な貧富の格差は、ボトル詰めの水企業のマーケティング戦略にあらわれている。自然資源防衛評議会の一九九九年の調査によれば、ボトル詰めの水一ガロンを買うのに、水道水の一万倍も払っている人たちがいる。この「特選」アイテム一本の価格で、一〇〇〇ガロン（三七八五リットル）の水道水を供給できる、とアメリカン・ウォーター・ワークスは言う。皮肉にも、国民の水源を破壊している——ペットボトルに入った「きれいな」水を世界のエリートたちに供給する――産業が、健康的なライフスタイルに欠かせぬ、環境にやさしいものと称してこれらの製品を売っているのである。

コーラ戦争

ペプシコとコカ・コーラが繰り広げた「コーラ戦争」が、ボトル詰めの水の取引を舞台として始まろうとしている。毎年発表される『フォーチュン』誌のグローバル企業五〇〇社ランクによれば、これら清涼飲料水の二大企業は二〇〇〇年には、二三三位と二三四位という接戦を演じた。コカ・コーラの総収入二〇四億五八〇〇万ドルがペプシコの二〇四億三八〇〇万ドルを少ししのいでいたのである。水は清涼飲料水の製造に欠かせないから、ペプシコとコカ・コーラは前から良質の水源を確保してきた。両社はいま、ボトル詰めの水市場の主役となり、ペプシコはアクアフィナ、コカ・コーラはダサニを出荷している。

しかし、他社のボトル詰めの水とは違い、ペプシコとコカ・コーラは「湧水」ではなく「精製水」を販売している。アクアフィナとダサニは水道水を使用しているため、地元の精製水として販売されている。天然の湧水を遠隔地から輸送するかわりに、どちらも水道水を「逆浸透」濾過システムで処理して、少量のミネラルを加え、精製水として販売しているのだ。清涼飲料の大手二社が大規模にこの製造方法で通せるのは、世界中にボトリング会社をもっているからだ。水道水は一リットル当たり一セント足らずだが、それを精製してボトリングしたものが一リットル約一ドルで販売されているのだ。

コカ・コーラがボトル詰めの水市場に参入したのは、社内で長い論議を重ねた末だった。一九八一年から九七年にかけてコカ・コーラのCEOを務めたロベルト・ゴイズエタは八六年に、二一世紀初頭に世界中の人びとが、コカ・コーラのような清涼飲料水をアメリカ人のように、他のどの飲み物よりも多く消費するようになると宣言した。清涼飲料水が普通の水道水をしのいで、いずれは人間の水分補給のナンバー・ワンになるというのである。だが、一九九〇年代末になると清涼飲料水の市場は横ばいになり、ボトル詰めの水の便利さがうけて工業国で売れだした。コカ・コーラにとっては、ボトル詰めの水の収益性をどう高めるかが問題だった。コカ・コーラは清涼飲料水の濃縮液、つまり原液を独立フランチャイズに販売して富を築いた会社だ。フランチャイズは水と炭酸を原液に加えたものを製品として流通させている。ボトル詰めの水の場合は、売る原液がない。だが、ミネラルや微量のカリウムやマグネシウムは精製水の味をよくするので、原液のかわりに袋入りのミネラルをボトラー各社に売ることにした。

ペプシコとコカ・コーラのマーケティング戦略としては、「ブランド・ロイヤルティ」の力をかりてボトル詰めの水を扱う業界のトップに君臨し、いずれは業界全体を支配したいとしている。北米とヨーロッパで自社精製の水製品を販売するため、清涼飲料の二大企業は健康的なライフスタイルに焦点を合わせた。

コカ・コーラのボトル詰めの水と従来の清涼飲料水のマーケティングは、どちらも水分補給の必要性をアピールする。コカ・コーラの二〇〇〇年の年次報告も「わが社は消費者の水分補給方法を変えようとしている」と謳っている。だが、ニューヨーク大学のマリオン・ネッスルなど栄養学の専門家は、清涼飲料水が水分補給効果を弱めるばかりか、「喉の渇いた人がカフェイン含有の炭酸飲料を多量に飲むと神経が高ぶるだけで、水分補給の効果は期待できない」としている。清涼飲料水には栄養がほとんどなく、虫歯と肥満の原因になるという。

コカ・コーラは、その流通網を徹底した方法で拡大しはじめた。二〇〇一年三月、現CEOのダグラス・ダフトが発表したところでは、コカ・コーラの技術革新事業部は家庭の水道からコカ・コーラを購入できるようにする技術を開発した。「原液が自動的に水道水にまじる……これを取付ければ、いつでも好きなときに蛇口からコカ・コーラが出てきます」。味の地域差をなくすため、浄水後の水に炭酸と原液が台所の流しで加えられる。「品質が落ちないように多くの注意を払っています」。「家庭用お手軽コカ・コーラ」装置は、元CEOロベルト・ゴイズエタの望みをほとんどかなえている。彼は冷水蛇口(cold tap)の「C」が、コカ・コーラ(Coke)の「C」を意味すればよいと願っていたのだ。

その反面、製品の質と販売促進などに関するコカ・コーラの活動履歴についても忘れてはならない。一九九九年六月、ベルギーとフランスで二〇〇人以上がコカ・コーラを飲んで気分が悪くなった。ベルギーのアントワープ工場で使った不良炭酸ガスと、フランスのダンケルク工場の輸送用木箱に防腐剤が付着していたのが原因とされた。フランスの大部分とベルギー全土のライセンスをもつコカ・コーラ・エンタープライズは、スーパーや自販機から一七〇〇万ケースを回収して破棄した。それからまもなく、ポーランドで売られるコカ・コーラのミネラルウォーター、ボンアクアがカビと細菌で汚染されていると判明し、回収となった。

アメリカでは二〇〇〇年の地球の日《アースデー》に、草の根リサイクル・ネットワーク（GRRN）がコカ・コーラを「飲料業界におけるゴミづくりのチャンピオン」と呼んだ。コカ・コーラが一九九五年から製造してきた二一〇億本強のペットボトルが「道路や公園、海辺にゴミとして捨てられ、あるいは埋立地やゴミ焼却炉へ運ばれた」からだ。調査したのはGRRNのコーディネーター、ビル・シーハムである。このグループの調査に基づき、フロリダとミネソタおよびカリフォルニアの地方自治体は、コカ・コーラにペットボトルのリサイクルを求める決議を可決した。第三世界諸国で報告されている問題も多く、一九九一年に行われたリオデジャネイロの連邦食糧局の調査では、深刻な栄養失調と蛋白質不足に苦しむ六歳から一四歳までの貧困層の子供たちが幼児期から大量のコカ・コーラを飲んでいた。最近、国連の当局者はこのように語っている。「母乳がわりに……第三世界の子供たちはコカ・コーラを飲まされている」

一九八〇年にはグアテマラの「死の部隊」との関係を疑う噂が流れ、コカ・コーラの不買運動に火がついた。労働組合の幹部二人が殺されて関心が高まったのだ。だが、同社に対する疑惑は法廷に持ちこまれることも、法廷で立証されることもなかった。

二〇年後の二〇〇一年七月二三日、労働組合の幹部が訴訟を起こした。コロンビアのボトリング会社が、工場の組合潰しのために幹部を拷問し殺害したと言われた右翼民兵を引き入れるのを、阻めなかったコカ・コーラ本社も責任を負うべきだと訴えでたのだ。コカ・コーラとコロンビアのボトリング会社を相手取ったこの訴訟は、外国人不法行為訴訟法に基づいてなされた。この法律は外国で害をおよぼしたアメリカ企業に対し、外国人による告訴を認めるものだ。コカ・コーラは容疑を完全に否認し、コロンビアのボトラーは二〇〇一年七月二九日現在、コメントを出していない。

食品と宿泊飲食サービスの従業員組合である国際食品関連産業労働組合連合会(IUF)によれば、コカ・コーラの成功は最優先すべきある企業戦略の上に築かれた。その企業戦略とは「コカ・コーラ・ブランドを世界的な規模で生産、宣伝および販売しつつ、従業員の雇用数を最小限にする」ことだった。フランチャイズをもつボトリング各社や「アンカー・ボトラー」に製造や販売をまかせて、本来必要な膨大な数の従業員を雇用しないですむようにしているのだ。

グローバル・カルテル

アメリカでは一九九九年に、黒人に対する公正な報酬、昇進、昇給、勤務評価がなされていないとして、黒人の元従業員八人が会社を訴えた。二〇〇〇年一一月一六日に裁判所は、コカ・コーラに黒人従業員およそ二〇〇〇人に約一億九〇〇〇万ドルを支払うよう命令した。

水の輸出を支配するグローバルなカルテルが、二〇一〇年までに出現するかどうかは定かでない。OPEC方式に追随するならば、湖沼や河川や氷河によって淡水を大量に供給できる国は、そういうカルテルをつくるだろう。『危機に瀕する水』のなかでピーター・グレイクが触れているが、ロシアの高名な水文学者イーゴリ・シクロマノフによって、淡水の豊富な国が決定された。それによると、ロシアのバイカル湖、アフリカのタンガニーカ湖、アメリカとカナダの国境にあるスペリオル湖を含む世界の淡水湖の上位二八位だけで、地球上にあるすべての湖の水量の八五パーセントを占めている。世界最大の湖水系である五大湖の水量を合計すると世界の湖水量の二七パーセントになる。世界の上位二五河川のうち一一本はアジア（ガンジス、長江、エニセイ、レナ、メコン、イラワディ、オビ、珠江、アムール、インダス、サルウィン）、五本は北米（ミシシッピ、セント・ローレンス、マッケンジー、コロンビア、ユーコン）、四本はラテンアメリカ（アマゾン、パラナ、オリノコ、マグダレーナ）、三本はアフリカ（コンゴ、ニジェール、ナイル）、二本はヨーロッパ（ドナウ、ボルガ）にある。

この統計によると、ブラジルの淡水資源の割合が最も高く（世界の淡水供給量の約二〇パーセント）、次いで元ソ連邦諸国が一〇・六パーセント、中国が五・七パーセント、そしてカナダが五・六パーセントの淡水資源をもっている。これには、北極、アラスカ、グリーンランド、シベリア、南極、アルプスなどの山脈にある広大な氷河の水は含まれない。氷河を淡水資源に含めれば、ノルウェー、オーストリア、アメリカ（アラスカ）も水源が豊富な国に加えられる。

わからない。

だが、こういう国際比較をしたところで、OPEC方式の水カルテルが形成されるかどうかは

水を大量に輸出する目的で未開発の淡水資源を手に入れることに力をそそいでいる会社は小さい独立企業だけであり、これらの企業は大企業とコンソーシアムを組むことが多い。前述したようにグローバルH2O社はシグネット輸送グループと提携して、アラスカの氷河の水を中国のような海外市場へ長距離輸送するつもりでいる。

アラスカ・ウォーター・エクスポーツの「アラスカの水の帝王」ことリック・ダビッジは、ワールド・ウォーターSAというコンソーシアムを結成し、アラスカとノルウェーで氷河の水資源を確保した。現在はスーパータンカー輸送の日本郵船と、ウォーターバッグ輸送のノルウェーのノルディック・ウォーター・サプライなどと提携している。

資金集めが容易な他産業の大手企業も水の大量輸送で力を振るうかもしれない。水の市場価格が上昇するにつれ、エンロンのようなエネルギー供給企業だけでなく、エクソン、シェル、BPなどエネルギー業界の主要企業も、パイプラインやスーパータンカーで輸送する水の水源確保を考えるだろう。同じく、大運河を利用した大陸間の水の大量輸送への需要が高まれば、スエズやベクテル、RWEのように土木建設と水道の複合事業を展開している企業は水輸出の主要な担い手になる可能性がある。

世界の水不足と水をめぐる危機がどうなるかによって違うが、さしあたり水輸出業界への権

力集中は、上記とは別のかたちをとるだろう。今後五年くらいで、さまざまな業界の主要企業は市場の需要と有利な機会の有無を見きわめて、パイプライン、運河、スーパータンカー、ウォーターバッグのいずれが最も効率的な輸送方法かを決定するはずだ。同時に、水源と需要地は地域ごとに限定され、ノルウェーとオーストリアの水はヨーロッパと中東の水不足地域、ブラジルの水はラテンアメリカ諸国、カナダとアラスカの水はアメリカとメキシコの水不足地域へとそれぞれ輸出されるだろう。今後、グローバルな水輸出産業がこのように具体化するにつれ、企業と政府とのつながりは深まるだろう。生命の維持に欠かせぬ資源を営利目的で自由に販売したいと思う企業は、政治的に、また道徳的にも、政府から合法とのお墨付きをもらう必要があるからだ。

企業と政府のこのような絆が、水の輸出をめぐっていっそう強固になれば、二〇一〇年までに成立しそうなグローバルな水カルテルのありかたを決める上で、世界貿易機関（WTO）、国際通貨基金（IMF）、世銀のようなグローバル経済の統治機関はより重要な役割を担うことだろう。

第七章　グローバルな結びつき——国際貿易と金融機関はいかに水企業の道具となったか

二〇〇〇年四月のある朝早く、ボリビアのコチャバンバ市出身の四五歳になる工員オスカー・オリベラは飛行機に乗りこみ初めて故郷をあとにした。彼が向かうのはアメリカの首都ワシントン。世銀総裁のジェームス・ウルフェンソンに祖国からのメッセージを渡すのが目的だ。

世界銀行はボリビア政府に一九九八年、コチャバンバ市が公営水道を民間セクターへ譲渡し経費を消費者に負担させなければ、市の水道事業に二五〇〇万ドルの再融資はできないと通告した。ボリビア政府当局はコチャバンバ市の水道事業権がアグアス・デル・トゥナリ（建設および水道事業の巨大企業ベクテルの新しい子会社）に渡るようにした。世銀はまた民間の水道事業権取得者に独占権を与え、水の適切な価格を設定するよう求め、経費を米ドルにリンクさせるとともに、世銀からの借入金を貧困者への補助金に使わないようボリビア政府に指示したのである。

二〇〇〇年一月、水道料金が三五パーセントも引き上げられると、大勢のコチャバンバ市民が街頭に繰りだして抗議した。道路封鎖やストライキのために町の機能は四日も麻痺したのである。この抗議運動を組織したのは、オスカー・オリベラの率いる「水と生命の防衛連合」だった。世論調査によれば、コチャバンバ市民の九〇パーセントがベクテルの子会社から水道システムを返してもらいたいと思っていた。エスカレートする抗議運動が一週間つづき、ボリビアのウゴ・バンセル大統領は戒厳令を敷き、ベクテルとの契約を破棄すると発表した。

ボリビア人の抗議について意見を求められた世銀のウルフェンソン総裁は、公共サービスを国民の手に渡すと無駄が生じるため、ボリビアのような国には水に対する「代金請求の適切なシステム」が必要だと主張した。コチャバンバ市の水道料の値上げを軽減するための補助金は支給すべきでない、水道利用者の全部が水道システムとその拡張案に必要な経費を負担すべきだ、この民営化計画の対象は貧困者ではないと言った。

反対派のリーダーのオリベラはこう主張した。「民営化がどれほどボリビアの貧しい人びとを苦しめたか、ウルフェンソン氏に教えてやりたい……月収が一〇〇ドルくらいしかない家庭の一ヵ月の水道料が二〇ドルに跳ね上がった——食費より高い。ウルフェンソン氏にコチャバンバへ足を運んでもらい、現実を見てもらいたい」

首都ワシントンに降り立ったオスカー・オリベラは見慣れた光景に驚いた。アメリカ中から集まった何万人もの人たちと、世界中から来た社会運動の代表が首都の街路に結集して、世銀とIMFの政策に抗議していたのだ。一九八〇年代に入って、世銀とIMFは再融資と債務返済の条件として、第三世界諸国に「構造調整プログラム」を押しつけた。そのため、第三世界諸国の政府は極端な措置をとらざるをえなかった。借入金返済のための公共事業の売却、医療・教育・福祉など公共支出の大幅削減などである。だが、こういう構造変革は、これらの国の大多数を占める貧困者の生活に甚大な影響をおよぼすことになった。近年は、公営水道と衛生設備の民営化が、世銀とIMFの融資更新の条件になっているのだ。

このプログラムは多くの第三世界市民(特に貧困層)の毎日の生活に影響した。だからこそ、オリベラと「水と生命の防衛連合」の率いるコチャバンバの戦いは、ワシントン——二〇〇〇年四月にはＩＭＦと世銀の年次総会が開催されていた――で展開された抗議行動に大勢の人を集めたのだ。コチャバンバの話から明らかなように、世銀のさまざまな要求はベクテルのような大企業に利することを目的としていた。世界規模の水市場を求める水道業界の主要企業がこれら国際的な金融機関にどれほど依存しているかもわかる。だが、グローバルな水業界の力と影響力はそこで終わらない。企業と政府の親密な関係から生まれたネットワークは、グローバル経済の支配下で金融や貿易、投資のルールがつくられ、水道事業会社と水の輸出業者がそれを効果的に利用できるようにしたのだ。

企業の政治操作

グローバルな水業界の主要企業はどんなことも成り行きまかせにはしない。グローバル経済のもとで水道の民営化と水を輸出するには有効な戦略をねることが必要だ。グローバル経済を統治する主要機関は、グローバルな水市場の構築に必要な法的、財政的な支援に不可欠の存在である。主要国の政府を巻きこむことも、グローバルな水業界の政策を実行するのに必要だ。こういう戦略の実行には、政治を操作する仕組みが欠かせない。そしてロビー組織と専門職協会、それに対応する政治組織のネットワークがつくられた。

一九九二年に開かれた二つの会議が、水をめぐる政府機関のネットワークづくりの基礎になった。アイルランドのダブリンで開かれた「水と環境に関する国際会議」とブラジルのリオデジャネイロの「環境と開発に関する国連会議」（いわゆる地球サミット）である。この二つから、関連する三つの機関が生まれた。「世界水パートナーシップ」、「世界水会議」、「二一世紀に向けた世界水委員会」である。これらは、表向き中立に見える。建前の上では、利害関係者の意見交換を容易にし、水資源の持続可能な管理を可能にするのが目的だからだ。だが少し仔細に見ると、グローバルな水企業と金融機関の結びつきを通じて、これらが水道の民営化と水資源の輸出に加担していることが明白になる。

世界水パートナーシップ（GWP）は、一九九六年に「諸国の水資源の持続可能な管理を支援する」目的で設立された。だが、それは水が「経済財」であり「あらゆる用途で経済的価値がある」という認識のもとで運営される。この理念がGWPの主な計画の根底にあり、それに基づいて世界各国の水道システムと水資源管理を改革しようとする。GWPの運営委員長は世銀副総裁のイスメル・セラゲルディンで、運営資金を出しているのは、カナダ、デンマーク、フィンランド、ドイツ、ルクセンブルグ、オランダ、ノルウェー、スウェーデン、スイス、イギリスの政府援助機関と、世銀、国連開発計画、フォード財団などである。

同年に設立された世界水会議（WWC）は、政策立案者にグローバルな水問題に関する助言と支援をする水政策のシンクタンクとされる。WWCに参加した一七五のグループには、NGOの代表、政策立案者、科学者、メディアだけでなく、専門職団体、グローバルな水企業、国連組織、水資源省、金融機関が含まれる。WWCはGWPとともに、二〇〇〇年にオランダのハーグで開かれた第二回世界水フォーラムを組織し、グローバルな水危機の唯一の解決策として官民パートナーシップ（PPP）を推進した。WWCはまた「世界水ビジョン」の策定も指導した。個人とグループ（多くが水企業および関連団体とつながりがある）を含む八五人の協力者が、民営化に関する政治的課題の骨子をまとめた。

水資源の持続可能な利用を推進する目的をもつ第三の機関は一九九八年設立の二一世紀に向けた世界水委員会（WCW）だ。世銀のイスメル・セラゲルディンの率いるWCWは、世界の名士二一人からなる委員会だ。カナダとオランダの政府とともに、WCWは水について権限をもつ主要な国連機関、つまりユネスコ（国連教育科学文化機関）、国連開発計画（UNDP）、国連食糧農業機関（FAO）、国連環境計画（UNEP）、世界保健機構（WHO）、ユニセフ（国連児童基金）のすべてから公式に支援されている。

グローバルな水企業の代表者は、戦略的な見地から上記三機関の上層部に席を占めている。そこにはスエズの関係者もいる。一九九九年にはスエズの元取締役ルネ・クーロンが世界水会議の副会長と世界水パートナーシップ運営委員会の有力なメンバーだった。スエズ会長の上級顧問イヴァン・シェレはGWPの技術諮問委員会の委員を務めたことがある。スエズの監査役会議議長ジェローム・モノーも世界水委員会の委員だった。ほかにカナダ国際開発庁（CIDA）の元長官マーガレット・キャトレイ・カールソンは現在スエズが資金援助している水資源諮問委員会（WRAC）の会長を務め、世界水会議の委員を兼ねている。

水企業は業界団体のネットワークを利用して水道の民営化と水輸出のためのプロジェクトを推進し、法的かつ財政的支援を求めて政府に働きかけ、政治的課題を実行するために地域または国民の支持を集めようとする。そのために、国際民営水道協会（ＩＰＷＡ）にビベンディーＵＳフィルターとエンロン－アズリックス、イギリスに本社をおく水道事業企業のバイウォーターが名をつらねる。政府の水資源省や地方当局と話し合い、「民営水道プロジェクトのグローバルな開発機会を促進」しようとするこの協会は、ヨーロッパ、中東、アフリカ、アジア、北米、ラテンアメリカをカバーする専門委員会をもっている。

企業の政治操作はまた、一般国民を意識したソフトなイメージづくりとも関係がある。国連の「国際水供給と衛生の一〇年」（一九八一年から一九九〇年）に応えて、セバーン・トレントの率いるイギリスの水企業は、ＮＧＯ「ウォーター・エイド」を設立して、以下の目標を掲げた。「発展途上国の極貧家庭の水道や衛生設備とそれに付随する衛生的習慣の面で持続可能な改善が可能になるよう支援すること」。だが、水に困っている第三世界の人びとに配慮するイメージを「ウォーター・エイド」で与える一方で、企業の実際の行動が変わることはない。

世銀などグローバルな金融機関との緊密な関係を保つことに加え、大手水企業は世界貿易機関でも戦略的に効果ある役割をはたせる立場にあり、水道事業の越境貿易に関するグローバルな規則づくりには大きな影響力をもつ。ＷＴＯとの交渉を有利に進めるために、二つの有力なロビー団体、アメリカ・サービス産業連盟と欧州公共サービス・フォーラムが設立された。巨大水事業会社のビベンディは、アメリカ・サービス産業連盟の活発なメンバーだ。欧州公共サービス・フォーラムの主要メンバーはビベンディとスエズである。銀行業務、電気通信、エネルギー、医療、教育、娯楽、郵便、エンジニアリング、福祉を含む他業界のサービス企業とともに、ビベンディとスエズなどは、グローバル経済における公共サービスのマーケティングと貿易を左右する規則をつくるだろう。つまり、水道の民営化と水輸出の促進につながる規則をつくる上で重要な立場にあるのだ。

国際金融

非工業国における水道事業に融資する場合、IMFや世銀のように国際的な貸出機関が主要な資金源となる。IMFは各国の中央銀行が、世銀は主に民間銀行が利用できる多国間融資手段である。しかし、どちらも政策とプログラムが密接に結びついている。このグローバルな金融構造は、欧州投資銀行、米州開発銀行、アジア開発銀行、アフリカ開発銀行、欧州復興開発銀行、イスラム開発銀行などの地域開発銀行のネットワークによってさらに強化されている。非工業国の水道システムを手に入れたいグローバルな水道王は、世銀とIMFだけでなく地域銀行をうまく利用している。

世銀にはグローバルな水道王にとって有益な機構部門が二つある。その一つ国際復興開発銀行（IBRD）は各国政府への貸付にあたるが、そのさい公営水道システムの民営化を条件にすることがある。たとえば一九九九年に、世銀は条件つきでモザンビークに貸付をした。インフラを整備するための資金と債務救済の範囲を広げる貸付に条件をつけ、水道サービスの民営化を求めたのだ。ＩＢＲＤを通じて、世銀はアフリカ開発銀行などの資金提供機関と共同でモザンビークに一億一七〇〇万ドルを貸し付けた。その条件として、モザンビークは水道サービスを民営化せざるをえず、この長期契約の受益者はブイグ－サウルで、ブイグの所有する水道会社サウルは二五〇万人分の水道と衛生事業の長期契約を手に入れ、年間九〇〇万ドルの収益が保証された。世銀のこうした貸付のパターンは、他の非工業国にも多い。本章の冒頭で述べたコチャバンバ市の事例もその一つで、コチャバンバ市の水道事業権を最初に獲得したのはベクテルの子会社だった。コチャバンバ市が二五〇〇万ドルの貸付を受ける条件として、水道事業の民営化をボリビア政府に指示したのが世銀だった。

世銀はまた、傘下の国際金融公社（ＩＦＣ）を通じ、大手水企業に資金を提供している。ブエノスアイレス市の水道民営化事業の場合、スエズとそのパートナー企業が初年度に最高一〇億ドルを投資することになった。水道の民営化プロジェクトとして、いまのところこれが最も大きい。だがスエズが出資したのは、そのうち三〇〇〇万ドルで、残りはＩＦＣなどの金融機関が拠出した。ブラジルのサンパウロ市やボリビアの首都ラパスなど南半球の水道事業権の多くでも、スエズはＩＦＣから融資を受けている。アフリカでは、ＩＦＣが音頭をとり、ナイジェリアの旧首都ラゴスへの推定一二億ドルの水道システム・プロジェクトと、ガーナの八億ドルとされる水道事業プロジェクトを運営し出資する企業を誘致した。二〇〇一年三月に報じられたところでは、RWEの新子会社テムズウォーター・インターナショナルがタイで進めている大きな水道事業プロジェクトの最大の海外投資機関が、世銀グループの一員であるIFCだった。

中欧と東欧における官民両セクターへの投資をまかなった欧州復興開発銀行（EBRD）は、主な水道企業の事業にも多額の融資をした。民営化されたブダペスト市営下水道会社の例では、ビベンディの率いるコンソーシアムが二五パーセントの持分への再融資として、EBRDから二七〇〇万ユーロの融資を受けた。国際公務労連（PSI）によれば、これによりビベンディとパートナー企業の投資コストは軽減された。コンソーシアムの利益幅は拡大するが、水道会社の運営実績は改善されていない。EBRDは二〇〇〇年二月にも、スエズに九〇〇〇万ドルを融資した。スエズが「中欧と東欧の水市場に参入」して「まもなく開始されるはずだった多くの事業権を獲得」するためだ。それ以来、スエズの率いるチェコの下水処理プロジェクトへのEBRDによる融資は総額の七〇パーセントに達した。

他の地域機関では、アジア開発銀行（ADB）が、ビベンディとスエズの関与する水道民営化プロジェクトに融資した。二〇〇一年三月、ビベンディは天津の上下水道処理の契約を獲得した。そのための経済支援は、ADBによる一億三〇〇〇万ドル（総融資額の四〇パーセント近く）の貸付だった。ビベンディはまた、タイのコンソーシアムにも参加し、サムットプラカン汚水処理プロジェクトのため、ＡＤＢから二億三〇〇〇万ドルの貸付を受けると発表された。同月、ＡＤＢはベトナムのホーチミン市の汚水処理プロジェクトへの出資金の大部分（総額一億五四〇〇万ドルのうち一億六〇〇万ドル）を融資した。この事業はスエズの子会社であるリヨネーズ・ベトナム水道会社が請け負う。

世銀とその地域機関に加え、ＩＭＦも南半球の水道民営化の主要な融資元となった。公共事業をめぐる政策の決定に市民団体の参加を支援する「グローバリゼーション・チャレンジ・イニシアチブ」（現在は「シティズンズ・ネットワーク・オン・エッセンシャル・サービセズ」）が発行する『ニューズ・アンド・ノーティセズ』によれば、四〇ヵ国に関するＩＭＦの貸付証明書を調べたところ、二〇〇〇年度中、ＩＭＦは一二ヵ国に対して水道民営化ないしコスト回収の条件をつけていたことが明らかになった。そのうち八ヵ国はサハラ砂漠以南のアフリカ諸国であり、最も多額の債務を負う小さくて貧しい国々である。

これら一二ヵ国のＩＭＦ融資契約のうち九件は「貧困軽減と成長促進」というＩＭＦの計画のもとで交わされた。タンザニアの場合、ＩＭＦから債務救済を受ける条件として「ダルエスサラーム上下水道局の資産を民間運用会社に譲渡する」よう求められた。ニジェールは世銀との契約条件として、四大国営事業（水道・通信・電気・石油）の民営化を強制された。そのさい、収益はニジェールの債務返済にあてられるとされた。ルワンダには、水道と電気事業を二〇〇一年六月までに民営化することをＩＭＦは強制した。中米では、ホンジュラスが水道民営化のための「枠組み法」を二〇〇〇年一二月までに承認するよう強制されたほか、ニカラグアには「構造基準」が指示された。これにはコストの全額回収を目的とする一ヵ月に一・五パーセントの上下水道料金の値上げと、ニカラグアの四つの地方の上下水道システムの民間への事業権供与が含まれた。

だが、水道プロジェクトへの融資では、IMFも世銀にはかなわない。世銀の優先事項の一つが、南半球の非工業国の水力発電ダムへの融資だった。イギリスのNGOで環境問題専門の調査機関「ザ・コーナー・ハウス」が発行する報告書によれば、一九四四年から二〇〇〇年の間に、世銀は九三ヵ国の五二七のダムに約五八〇億ドルを拠出した。世銀の他の融資に関しては、北半球における融資額のほうが南半球よりもずっと多い。世銀では、南半球で推進している大型ダム・プロジェクトが企業と重機メーカーおよび建設・水力発電業界の技術コンサルタントの救世主とされていた。北の諸国のダムの需要が頭打ちになったからだ。

南アフリカでは、世銀の資金による大型ダム・プロジェクトと民営化された水道事業との関係が指摘されている。民営化された結果、貧しい人びとへの給水は止められて、コレラが発生した。国際的な開発機関が資金を出している南アフリカの老舗NGO「オルタナティブ情報開発センター（AIDC）」の報告書によれば、アパルトヘイト体制末期に開始された世銀資金による「レソト・ハイランド水開発計画」にはヨハネスブルク市への給水量と送電量を増やすための大きなダムが二つある。一九九四年にネルソン・マンデラが大統領に当選してから七ヵ月後、世銀の幹部は新政府の都市インフラ投資の枠組みを起案しはじめた。そのさい世銀は、中央政府の収益から貧困層居住地域への水の補助を認めなかった。ダム計画の予算超過分の埋め合わせにヨハネスブルクの黒人居住区アレクサンドラで水道料が大幅に値上げされたとき、より貧しい居住区では料金未払い家庭に対する大規模な断水が実施された。クリーンな水にありつけなくなったアレクサンドラの住民はコレラにかかり下痢に苦しんで、死者が四人も出たのである。

世界貿易

世界貿易機関（WTO）も世銀やIMFと同じく、多国籍企業が新しい市場を開発するのに重要な役割をはたし、財とサービスの輸出および民営化を推進してきた。一九九五年にWTOが設立されたのはそのためだった。国境を越えた資本、財、サービスの自由な移動を保障するため、WTOは関税および非関税障壁を一つ残らず排除する権限をもっている。そのためには国際貿易の包括的なルールの導入と実施が必要であり、関税貿易一般協定（GATT）をはじめ、一四二の加盟国が結んだ一連の貿易協定がそれに含まれる。

GATT規約のもとでは、水は貿易財だとされる。GATT第一一条はどんな目的のためであろうと、輸出規制を禁止し、輸出入の数量制限も排除している。環境への影響という正当な理由があっても、水資源に恵まれた国による水の大量輸出の禁止ないし輸出割当は、国際貿易のルールに反する規制措置としてWTOのもとで責任が問われる。

同様の裁定は、環境への影響を理由に水を「商品」として輸入することを制限しようとする国に対して適用される。しかも、WTOのルールは自国の消費と生産事情に基づいて輸入を制限する権利まで奪うのである。第一条の「最恵国」と第三条の「内国民待遇」は、WTO加盟国に貿易を目的とする「同種」の産品を平等に扱うことを義務づけており、生態的に健全な状況で生産されたかどうかは考慮されない。ある輸入水が集水域に悪影響をおよぼすかたちで取水されたとわかり、環境保護のために輸入禁止または輸入制限を受入国が望んだとする。だが、WTOはその制限を禁止する可能性がある。どのような環境防衛策や水の保護であっても、「貿易を制限しない」ものでなければならないからだ。

WTOの擁護者は、環境や水のような天然資源には「例外」をもうけ、ある程度まで保護していると主張する。GATT規約第二〇条によれば、加盟国は、「有限な天然資源の保存に関する措置……ただし、その措置が国内の生産または消費に対する制限と関連して実施される場合……人と動物または植物の生命ないし健康の保護のために必要」な法律を実施できる。だが、第二〇条には、「無差別」に適用され偽装された貿易障壁であってはならないことを意味する、業界用語で帽子《シャポー》と呼ぶものが含まれている。これはWTOの紛争処理小委員会（パネル）に免責条項を与えることに通じ、環境保護を理由に異議を申し立てても、この条項を用いれば「偽装された貿易障壁」と見なされる。これまでに処理された国家間の紛争案件には、WTOパネルがこの条項を用いて環境がらみの申し立てを退けてきた。これがあまり頻繁に援用されたため、いまでは第二〇条と免責条項が主客転倒しているように見える。

要するに、WTOのルールは環境を守るためのものではないのだ。WTOパネルが処理した紛争では、ほとんどが環境を犠牲にして商業の権利を守ったのである。しかも、グローバル経済を背景として、WTOのルールが他のどんな国際的環境基準よりも優先される。貿易関係（または貿易紛争）では、たとえば多国間環境協定（MEA）をWTOは認めていない。「絶滅の恐れのある野生動植物種の国際取引に関する条約（ワシントン条約）」の価値を損ねる可能性もある。ラルフ・ネーダーが創設した公益組織「パブリックシティズン」は、「最近の判例は……WTOは環境法に関してますますハードルを高くしている事実を示している」と指摘した。その結果、「例外（第二〇条）」があるのに、WTOのもとで水の保全は危機に瀕しているのだ。

WTOは水を貿易「財」に指定し、第二〇条を執行していない。これではグローバルな水輸出業者の思う壺だ。水の輸出を推進する企業は、WTOのルールが彼らの利益を守るためにつくられ、執行されていることを心強く思っているはずだ。この状況を見ても、主権国家が制定する環境法などの保護法が無力になっているのに、WTOは水の貿易財指定をやめようとしない。WTOの「サービスの貿易に関する一般協定（GATS）」のもとでは、水は「サービス」とされており、数百種類の水のサービス――淡水サービス、下水サービス、廃水処理、自然と景観の保護、水道管の整備、水路、タンカー、地下水の評価、灌漑、ダム、水上輸送サービス等――が記載されている。

GATSは「多国間枠組み協定」の一種だ。発効当初に概略の内容は決められたが、後日の話し合いで新しい部門や規約が加えられることになっている。一九九四年に成立したGATS体制はいまや包括的なものとなり、広範囲に影響している。その規約は、対外投資、国境を越えたサービスの提供、eコマース（電子商取引）、国際旅行業務など、あらゆるサービスの提供に適用される。規約自体が法的拘束力をもち、民間のサービス供給者がこれらのサービスを販売する権利に対して、政府が歯止めをかけにくくしている。これほど政府の立法・規制権を脅かす国際協定はいまのところほかにない。サービス業界の多国籍企業は、GATS規約によって、地球に残された「コモンズ（共有財産）」を支配するための強力な道具を与えられたのである。

GATS規約は、「政府の権限行使として提供される」サービスを免責条項としている。これは水道のような公共サービスを保護しているとも見えるが、この条項は厳密な意味で、商業は関与せず、政府が国民に直接提供するサービスを指しているのだ。民間もしくは地域共同体がサービスの提供にかかわるか、水道料金の支払いなど金銭の授受がともなえば、政府のサービスと見なされなくなり、GATS規約の適用を免除されなくなる。そのために、全部ではないにせよ、ほとんどの公営水道はこの免責条項では保護されないのである。

GATS2000

二〇〇〇年二月、WTOはサービスの越境貿易を規制するルールに関して、新しいラウンド（一括交渉）の協議を始めた。GATS2000と呼ばれるこの交渉は、二〇〇二年に開始されて二〇〇五年に終結するとされている。検討されている議案のなかには、「国内規制」に関する第六条を拡張し「必要性テスト」を条項に盛りこむことを要求するものがある。そうすることで、公共サービス（水道など）の維持に関する措置や規制の「必要性」を政府に証明させるのだという。草案によれば、このテストは可能なすべての措置のなかで貿易を最も制限しない「関連国際基準」に即した「客観的かつ透明性のある基準」に基づくべきだとされている。ある政府の飲料水の基準が、営利目的の水企業の利益を守ろうとする他国政府によって貿易障壁だと非難された場合、防衛にまわる政府は、水質改善のために考えられるあらゆる方法を調べたことを証明する必要がある。また、水道事業の国際貿易をめぐってその水質基準が影響評価の対象となったこと、外国の民間水道会社の権利を制限しない方法を選択したことも証明しなければならない。言い換えるならば、水質改善ができそうな民間水道会社を可能なかぎりすべて検討したこと、考えられうる別の決定が国際的な水道会社や市場におよぼす影響について調べたことを、政府が時間とお金をかけて証明するよう求められるのである。立証責任は、提訴された政府の側にあり、提訴した政府および企業側にはない。迷路のように複雑な証明をすることを考えれば、事業を民間会社にまかせたくなるのも当然だ。

　GATS2000の他の議案には、外国に拠点をおく民間のサービス供給会社が、政府との契約を獲得できるように支援する措置が含まれる。筋書き通りにいけば、WTOの内外無差別原則は、政府の補助金にも適用される。つまり、海外に拠点をおく民間サービス供給者であるビベンディやスエズなどの巨大水道企業は、政府の助成金や融資のような公的資金を利用する法律上の権利をもつのだ。さらに他の議案は、サービスを供給する多国籍企業が他国に商業拠点を設ける特権について強調している。他国への輸送がいつでも可能な物品とは大きく違い、サービスの供給には国内拠点を必要とする。だから、この議案によれば、外国のサービス企業は無制限に他国に投資して支店を開設できる。結局、GATSの新しいルールが実施されれば、グローバルな水道王が世界中の公営水道システムを手に入れるのに必要な法的武器が与えられることになる。二〇〇一年三月、カナダ在住の国際貿易を専門とする弁護士スティーブン・シュリブマンがGATSについて指摘したように、「危険にさらされているのは、水資源の公的所有権と公共水道事業、さらには環境保護あるいは公衆衛生上の理由から企業活動を規制する政府の権限」なのだ。

　GATS2000の交渉では、WTOの目標が、一般市民と民主主義社会を犠牲にして多国籍企業の利益を保護することにある事実が、また明らかになった。だが、WTOの権威はそのルールにだけでなく、紛争解決のメカニズムによってそのルールを徹底させる力にもある。このメカニズムのもと、加盟国は自国に本社をおく企業のために、WTOルール違反だとして他国の法律や政策や計画に異議申し立てができる。そのさい、任命制の貿易専門家によって構成される紛争処理小委員会（WTOパネル）には、申し立てを審理し法的拘束力のある方法によってWTOルールを守らせる権限が与えられる。「有罪」になったある国が「違法」な法律の廃止もしくは改正を拒んだ場合、経済制裁権を中立国に与える権限もWTOパネルはもっている。段階的に発動されるこうした制裁は通常、充分に潜在的な破壊力があるから、民主的に選出された政府が、否定的な裁定を見越して、任命制のパネルの決定をのむか自国の法律を改正してしまうことになる。

　つまり、WTOは他のグローバルな機関とは違って、司法権と立法権の両方を保持しているのだ。WTOパネルは国家間の紛争を審理して処罰するだけではない。その裁定にはパネルがWTOルールの違反と判断した国内法や政策や計画を無効にし、WTOルールに合致する法律をつくらせる効力もある。WTOは加盟国の法改正を強制することはできないが、経済制裁の脅威には相手を「萎縮させる効果」があるから、政府はWTOパネルに指弾されるのを恐れ、法の改正を余儀なくされるのだ。

地域ブロック

WTOはまた、目下計画中の米州自由貿易圏（FTAA）のような地域貿易体制に守られてもいる。FTAAは世界市場シェアの飽くなき拡大をめざす国際的な企業を支援するものだ。FTAAのルールや組織については、二〇〇五年までにまとめる予定で現在交渉中だが、基本的な枠組みはすでにできている。いずれ形成されるFTAA体制は、同地域における既存の二つの自由貿易体制——カナダ、メキシコ、米国による北米自由貿易協定（NAFTA）とブラジル、アルゼンチン、パラグアイ、ウルグアイの南米南部共同市場（メルコスール）——に基づいて構築されつつあるのだ。二〇〇一年七月に公表された企画案と、九つの主要交渉グループの報告書を見ると、この地域体制は明らかに水道事業会社や輸出の大手企業に棚ぼた式の利益をもたらすものなのである。

FTAAもNAFTAのような紛争解決メカニズムで強化される。WTOでは、パネルの審理を求める前に、企業は自国政府を納得させる必要があるが、NAFTAの「投資家対国家」の紛争解決メカニズムは、提訴された側の国内法と司法制度のいずれも無視して中央政府を直接提訴できるという前例のない権利を多国籍企業に与えているのだ。企業による申し立てが非公開の商取引調停委員会によって審理され、ルール違反を告発された政府から高額の賠償金を取ることができる。この仕組みが盛りこまれたFTAAが批准されれば、事業が脅かされると して、国境を越えた水道王たちは、これこれの貿易および投資ルールに違反したと申し立てるだけで、南北アメリカ大陸全域の政府を提訴できるようになるだろう。

では、検討されている投資のルールとは何なのか？　すべての外資系水企業には「内国民待遇」や「最恵国待遇」の地位が与えられることになっているのだ。アメリカが推進している草案による投資ルールは、各国政府による資本の流出入に関する規制を禁止している。その場合、投資受入国の公益を目的とした規制を受けることなく、企業は他国の水道事業で得た利益を国外へ持ちだせるほか、他国の水利権の思惑買いもできる。草案にある投資ルールは、国内法における「収用」の意味を拡大して「収用と同等の規制措置」とも解釈している。だから、将来の利益を含めた企業の資産もしくは利益の価値を減じるかもしれない法案を通過させ、あるいは規制を課すれば、企業が政府を提訴できることになる（この規制には環境や消費者の利益、公衆衛生のニーズを守るためのものが含まれている）。

ＦＴＡＡ草案はＧＡＴＳの目的とおおむね合致するが、公共サービスに関するルールはより徹底している。ＦＴＡＡのルールは、水道および廃棄物処理事業などのサービス部門を対象とするだけでなく、「政府当局が講じることによってサービス貿易に影響をおよぼす」あらゆる措置――法律、規則およびその他の取締法規など――にも適用される。政府はこれらのサービスを「規制」する権利を失うわけではないが、ルールと「ＦＴＡＡ協定の背後にある秩序」にしたがって行動しなければならない。だからＦＴＡＡの投資とサービスのルールの両方を盾にとれば、外資系企業はどの加盟国でも公共の水道事業に対する競争権を最大限に活用できる。しかも、対立または抵抗する政府を提訴して、補償を請求する権利ももつのである。

この投資＝サービスに関するＦＴＡＡの暗黙の目標は、配水や衛生設備など公共サービスの民営化をうながすことにある。それには、この地域の政府が新たな公共サービスを提供できなくすることと、それを維持する力も損ねておく必要がある。「国内規制」に関するルールの概要を定めたFTAAの草案は、「必要最小限の規制」と「不必要な規制の回避」を政府に求め、FTAA版の「必要性テスト」を提示しているが、その言いまわしが気になる。一定の水質基準、貧困者向け低額料金、水道管インフラの改善などを要求する政府の調整は、FTAAのもとでは投資家対国家間の紛争解決小委員会によって「不要」とされる恐れもある。国民の利益を守るため、政府が法律や政策や計画を通して企業の事業を規制するのは許されない。それどころか、「規制目的の市場メカニズム利用が奨励」されるのだ。企業が公益のためになることをしたくなるように、企業への税優遇措置を拡充しろというのである。

この筋書きには重大な欠陥がある。事業活動をしている国で市況が好調でも、多国籍企業が社会的責任をはたす保証はないのだ。一般大衆は多国籍企業のなすがままにされる。企業は、水道料金を払ってくれる人びとの利益になるようにとは決して考えないからだ。税優遇措置あるいは「規制を目的とする市場メカニズム」によって売り上げ良好であっても、サービスの提供方法を改善するためと称して、企業は超過利潤を手放さないだろう。道徳的な強制力だけでは不充分と考えられる場合は、法律とその法律をおかしたときの罰則によって、社会的に責任ある行動がうながされてきた。FTAA案はこうした民主主義の伝統を解体しようとする。その結果、国民と地域社会は弱い立場におかれてしまう。とにかく、企業が従うのは市場原理だけなのだ。

ＦＴＡＡはまた、自由貿易に対する関税障壁（たとえば国境税）および非関税障壁の撤廃スケジュールを政府が決めなければならない、市場アクセスのためのルールによって強化されるだろう。非関税障壁には国境を越えた貿易の妨げとなる、政府によるすべての法律、政策、慣行が含まれる。そこには政府による水道サービスの提供から公衆衛生および安全保護のための努力まで含めてしまう可能性もあるのだ。こと公共サービスに関しては、政府による調整が「非関税障壁」と見なされる。たとえば、政府が提供する水道システムが「独占事業」とされた場合、「内国民待遇」原則を用いれば、公営の独占水道事業は、市場機会を模索する外資系水道企業に対して「差別的」だとすることができるのだ。

ＦＴＡＡが天然資源に関するＮＡＦＴＡの規定を採用すれば、水輸出業者はさらに強大な権限と武器を手にすることになる。ＮＡＦＴＡは水を含む天然資源の輸出を政府が差し止めることを禁じているからだ。ＮＡＦＴＡの第三〇九条には「どの締約国も他の当事国の領土へのいかなる物品の輸出または輸出のための販売を禁止または制限する選択をしてはならない」と明記されている。これは水の国外輸送に対し、どこの政府も輸出税を課してはいけないことを暗示している。さらにＮＡＦＴＡに含まれる「数量条項（第三一五条）」には、他の加盟国への輸出の流れが生じたら、その資源の輸出量を加盟国の政府が削減または制限してはならないとも記されている。つまりカナダとアメリカとメキシコ間で水の輸出が始まれば後戻りできないばかりか、輸出のレベルを落とすこともできない。それどころか、直近の三六ヵ月間の水の輸出レベルが保証されるのである。

ＮＡＦＴＡのこうした輸出規則に似たものは、ＦＴＡＡにも組みこまれるだろう。いったん輸出規則ができれば、加盟国であっても取り消せない。たとえ大規模な取水が環境に害をおよぼす事実が新たに判明しても同じことだ。ＦＴＡＡのもとでブラジルが環境への影響を理由として水の大量輸送を禁止したとする。天然資源に関する輸出規則がＦＴＡＡに含まれていれば、投資家対国家の紛争解決メカニズムを通じて水輸出企業側が提訴できる。同じく、アラスカ州が政策を変えて水の輸出を禁止したとする。また雇用確保のために法を改正して、アメリカの企業だけがアラスカの水を輸出できるようにしたとする。その場合、カナダのグローバルＨ２Ｏなどの会社に投資家対国家訴訟を突きつけられるかもしれない。この会社はアラスカ州シトカ市と契約を結び、一八二億ガロン（約六九〇億リットル）の氷河水を中国へ輸出することになっているからだ。

ＮＡＦＴＡの投資家対国家に関する規定によって、水輸出業者が提訴したケースはこれまで一件しかない。一九九八年秋、カリフォルニア州サンタバーバラ市のサンベルト・ウォーター・コーポレーションがカナダ政府を訴えた。カナダのブリティッシュ・コロンビア州が一九九一年に水の大量輸出を禁止したため、同州の水をカリフォルニアへ輸出する契約を失ったというのが理由だった。サンベルトはブリティッシュ・コロンビア州が発動した禁止令がＮＡＦ

TAの投資および輸出規則に違反しているとして、一〇〇億ドルの賠償を要求した。同社のCEOジャック・リンジーはこう言いきっているのだ。「NAFTAのおかげで、水に関するカナダの国策を左右できるようになった」。近い将来、水の輸出に関する問題は増えていくだろう。

しかし、こうした規定の影響で最大のものは、企業が起こす訴訟にあるのではないかもしれない。投資家対国家メカニズムのもとでは、いつ訴追されるかもしれないわけだから、こうした訴訟の脅威によって力を増したルールの存在自体が、政府の政策や法律を「萎縮」させるのだ。数百万ドルから数十億ドル規模の訴訟を考えれば、この貿易体制下では違反を指摘されかねない新しい法律または規制を、政府が諦めるのも無理はないだろう。法の規制案を選挙で選ばれた議会が制定する前に、「貿易スクリーニング・テスト」の結果に照らして吟味する政府が増えている。FTAAのような貿易体制下では政治力が政府から企業に移り、企業は収益性の最も高い市場へいつでも好きなときに参入できるが、政府にはそれを阻止する手段がない。法律で武装した企業が大きな圧力をかけて、水道システムを含む公共サービスの商品化と民営化をはかるからだ。

さらにIMFと世銀の「構造調整プログラム（SAPs）」によって、主権国家の政府は民主主義の原則によって行動しにくくなった。SAPsは、南の債務国をグローバル経済に統合させる金融の道具であり、公共部門の縮小をはかり、医療と教育と福祉にかかわる政府支出を削って国営事業を民営化し、国内経済を輸出中心の生産に方向転換させた。この二〇年で、南北アメリカの水道システムの買収に必要なＳＡＰｓの条件がすべて整ったことになる。ＷＴＯによって強化されたＦＴＡＡが何をするかと言えば、民営化と輸出計画を推進できるように、グローバルな水企業に法的武器を与えることなのだ。

投資協定

水を含めて、商品化された世界の共有財産は、ごく少数の者の手に集中する恐れがある。それを可能にしているのが、投資協定のような仕組みだ。一九六〇年代の初頭に、たとえばドイツとフランスはいくつかの国と二国間投資協定（ＢＩＴ）を結んだ。各国の企業に投資している者の権利を確立し、相手国で無条件に事業活動をすることと相互の市場や資源にアクセスすることが目的だった。九四年以後に国家間で交渉されたＢＩＴの多くにＮＡＦＴＡの重要なルールや規制のいくつかが組み込まれるようになった。

国連貿易開発会議（ＵＮＣＴＡＤ）によれば、一九九七年一月までに世界中で一三一〇件のＢＩＴが調印された。西ヨーロッパ諸国が締結したものが最も多い。そして、二〇〇一年には一七二〇件になったことからわかるように、年々着実に増えている。だが、広範にわたる内容のわりに、ＢＩＴは国際社会のなかで「最もよく守られている秘密」とされているのだ。国民はもちろん政治家もＢＩＴに気づいている者はわずかで、その内容と国外で事業活動を展開する多国籍企業に与えられる権限について知っている人は少ない。ところが、企業が進出したいと思う国がすでに事業活動をしている国とＢＩＴを締結している場合、ＢＩＴは市場や資源の開放を求めるのに必要な経済力と政治力を、グローバルな水企業に与えることができる。

ベクテルの場合がそうだ。コチャバンバの市街で大規模な抗議行動が展開され、ボリビア政府がコチャバンバ市の水道契約を破棄すると、ベクテルは報復に出た。一九九二年にボリビアとオランダの間で調印されたＢＩＴのもと、ベクテルはオランダの持株会社を利用してボリビア政府に四〇〇〇万ドルの対価請求権を求める訴訟を起こした。コチャバンバの水道契約が破棄されたことで「損害」をこうむったというのが理由だ。ベクテルはアメリカの企業だが、子会社のアグアス・デル・トゥナリのオランダ持株会社が、一九九九年にケイマン諸島からオランダに移されたことにより、ラテンアメリカの最も貧しい国を世銀の投資紛争解決国際センターに提訴する権利を確保したのである。二〇〇〇年一一月、このことを知って、ボリビア政府は提訴を受けて立つと宣言した。だが、政府関係者のなかには、ベクテルが要求する賠償金を払って、ボリビアが経済のグローバル化に対応できること、ＷＴＯが定める新しい世界秩序のもとで「好ましい」国であることを証明するのが得策だとする者もいる。

ビベンディの例もある。ビベンディはフランスがアルゼンチンと交わしたＢＩＴを利用し、アルゼンチンとトゥクマン州政府を提訴した。一九九五年、ビベンディの水道会社ゼネラル・デ・ゾーとアルゼンチンの系列会社コンパニーア・デ・アグアス・デル・アコンキーハは、上下水道の事業権契約をトゥクマン州と結んだ。だが、適切な検査設備を設置しなかったとして、トゥクマン州の保健当局に罰金を課され、州のオンブズマンからは水道料金滞納者への給水停止を認められず、政府にも水道料金の値上げを認可されなかったビベンディは、水道事業の子会社や系列会社を通じてフランス政府に訴えた。フランスとアルゼンチンの政府が紛争の解決に努力したが、ビベンディはNAFTAに似た仕組みをもつBITを利用してアルゼンチン政府に三億ドルの賠償請求をした。ビベンディの申し立てを審議した紛争処理小委員会は、まずトゥクマン州の裁判所に訴え、その必要があれば国際的な仲裁機関に提訴するようビベンディに指示した。

ビベンディやベクテルのような多国籍企業にとって、一九九八年に多国間投資協定（MAI）が敗北して以降、二国間投資協定は重要な道具になった。MAIは国際商工会議所が九六年に起草した「金持クラブ」と言われる経済協力開発機構（OECD）主導で成立した協定である。国家に対する支配権を企業に与えるMAIを使えば、商品化によって公共事業（この協定では「国家独占」と呼ぶ）を解体して、政府による天然資源の輸出禁止または輸出の割当制限を阻止することができる。この協定の投資ルールにそぐわぬ法律や政策や計画を後退させ、外資系企業が政府を提訴できる投資家対国家メカニズムを通じて、MAIのルールと統制を守らせることもできる。企業によるグローバリゼーションに反対する運動の初期段階では、MAIが問題にされた。国民の抵抗の高まり、EU数ヵ国間の対立、アメリカの及び腰の態度があって、一九九八年一〇月に開催されたOECD会議でMAIの交渉は挫折した。国際協定として批准されていれば、巨大水企業は憲法と法律を味方につけて世界の共有財産をさらに開発しようとしただろう。世界貿易機関の事務局長が「グローバル経済の憲法」と呼んでいただけあり、MAIを憲法よりも優先させる国は少なくない。採択されていたら、MAIの規定に合致しない憲法の条項は改正を余儀なくされていたろう。

MAIは挫折したが、企業と政府間のグローバルな結びつきは急速に進んだ。二〇〇〇年七月、国連は社会的責任に関するガイドラインを採択することに同意した多国籍企業と、「グローバル協約」を結んだと発表した。それには、シェルやナイキ、巨大水道企業スエズなど、有名企業が名をつらねた。多国籍企業は多国間投資協定とその後の敗北をめぐる公の論議が、WTOとIMFおよび世銀のようなグローバル化を推進する機関への抵抗の高まりと重なり、世論に支持されなくなったばかりか、自分たちのしてきたことが道義的にも政治的にも正当化できないことに気づいたのだろう。しかも、グローバル協約の手直しにかかる費用はわずかである。投資家の権利が法的に守られているNAFTAやFTAA案のような貿易体制とは対照的に、グローバル協約の社会的責任のガイドラインは任意であり、さほどの重みをもたない。

さらに二〇〇一年一一月に中東のカタールで開催されたWTO第四回閣僚会議では、終了直前に淡水を危険にさらす「貿易と環境」の部分を、ヨーロッパ諸国がつけ加えた。この部分は「環境財とサービスへの関税および非関税障壁を削減または必要に応じて撤廃」することを呼びかけていた。GATS（サービスの貿易に関する一般協定）では、水は「サービス」となり、GATT（関税貿易一般協定）では「商品」になった。WTOの思惑通りになれば、「投資の対象」にもなるだろう。WTOのこの危険な規定のもとでは、公共サービスや人権としての水を守る国内法は貿易に対する「非関税障壁」と見なされ、同じことは民営化を制限しようとするルールにも言える。新しい条文によれば、国内の「環境サービス」（水に関する規制）はWTOの他のルールに「合致」しなければならない。WTOのルールには、貿易の自由化を妨げる環境法のような「非関税障壁」を国が使えなくする内容が含まれる。WTO協定に環境サービスの自由貿易が組みこまれれば、水を保護する国内の環境基準は存続できなくなる。

事業活動の正当性を認めてもらおうとする企業側のこうした企てにもかかわらず、多国籍企業の関心は公益よりも利潤の極大化にあると、多くの国の市民に思われている。地下水を輸出用に揚水したあとの井戸は涸れ、公共サービスが民営化された第三世界諸国では水道料金が急騰し、貧しい者は安定した上下水道サービスの供給を断たれた。基準から逸脱する行為に対して、政府が企業を罰しようとしても徒労に終わる。世界中の企業が、IMFや世銀の構造調整プログラムだけでなく、二国間投資協定とWTO、NAFTA、GATSの条項を武器として、政府に対抗するからだ。だが、全世界の市民は、民主的な政府の権力を弱める企業のこういう手口に気づきはじめ、大規模な民営化に抵抗して共有財産を自分たちの手に取り戻すために団結しようとしているのである。

第三部　進むべき道

第八章　反撃――水の権利の強奪に対し、人びとは世界各地で抵抗している

一九九九年、インドのナルマダ渓谷では、サルダール・サロバル・ダムの建設が新しい段階を迎え、溢れかえった水でこの年だけで三度目の増水があった。長年の誓いを貫き通してきた村人と環境運動家は水位の上昇によって溺れるのを覚悟して、再定住地への移動を再度拒んだ。

村人と彼らを支援する者は、「ナルマダを救う会（NBA）」として知られる市民運動のメンバーになっていた。NBAは、ナルマダ渓谷に建設される三つの巨大ダム、サルダール・サロバル、ナルマダ・サガール、マヘシュワールの影響をこうむるグループを結束させた。NBA創設者の女性メダ・パトカーは、サルダール・サロバル・ダムの水没予定地と川を破壊する貯水池システムの調査のためにナルマダ渓谷を訪れた。

パトカーが仲間たちとこのダムに関する公文書を分析した結果、環境アセスメントが実施さ

れていず、立ち退き者の数が不明で、灌漑予定地の推定面積がひどく誇張され、このダムの目玉のはずの上水道システム用の資金が工事評価額に含まれていないことがわかった。一九九〇年以降、NBAはダム・プロジェクトとその影響に関する外部の参加方式による再調査が実施されるまで、非暴力の直接行動によって、いかなるダム建設も阻止することを誓い合った。

この一〇年、NBAが取り組んできた重要な戦いの一つに、一九九一年の反対運動がある。何千人もの村民と環境運動家が「長距離行進《ロング・マーチ》」と二一日間のハンストに参加したこの運動は、サルダール・サロバル・ダムに融資した世界銀行がプロジェクト全体の再調査を外部に委任することを求めた。ジャーナリズムによって国際的に注目されたため、世銀はこの要求を受け入れ、その結果として出された『モース報告書』は、このプロジェクトが環境を損なう恐れがある事実を明らかにし、世銀とインド政府の怠慢を批判した。

だが、インド政府が最小限の条件を満たすことすら拒否したので、世銀は融資撤回という前例のない措置を講じた。そして、あくまでもダムの完成を望んだインド政府は、他からの融資をかき集めた。一九九三年から九五年までは、雨季の増水が激しくなっても低地の村人が立ち退こうとしないため、動員された警官隊は村人を無理に高い場所へ運び上げた。しかし、一九九五年の初めにNBAが提訴し、インドの最高裁はダムの建設を中止させた。裁判所の命令は一九九九年まで有効だったが、政府が裁判所にはたらきかけてダム湖の水位を数メートル上昇させることを認めさせたので、さらに増水を引き起こし抵抗活動が再び活発になったのだ。

この一〇年、ナルマダ渓谷のNBAが率いるダム反対運動は、水利権のために戦う人びとの象徴となった。村人はサルダール・サロバルだけでなく、団結して渓谷一帯の巨大ダムの建設に反対した。二〇〇〇年一月には地域村民が、三年間で八度目になるマヘシュワール・ダム占拠を行った。ナルマダ渓谷の村人が組織している抵抗運動は、ダム建設による立ち退きや再定住だけが理由ではない。川を「殺す」巨大なダム湖によって、雨水を捕集する「ウォーター・ハーベスティング」という彼らの伝統農法が破壊されることにも抗議したのだ。

ダム反対の抗議は水利権運動の最前線だったが、いまや水を守ろうとする人びとは多くの面から地域社会の闘争に深くかかわるようになった。闘争は水道の民営化や水の輸出、水質、湖沼および河川と集水域の保護など幅広い問題をめぐって展開されている。地域社会に根ざすこうした闘争の中心には、水資源の商品化と企業による水系の強奪への高まりゆく抵抗がある。

市民の手に!

ここ数年の、人びとによる反撃のエピソードとしては、一般市民が立ち上がって民営化後の水道事業を取り戻した地域社会の話がある。特に先にあげた二つのケースがきわだっている。ボリビアのコチャバンバ市で起こった水道の民営化に対する戦いと、民営化された水道事業をめぐり形勢の逆転を狙ったフランスのグルノーブル市民による粘り強い努力に関するものだ。

第七章の冒頭で見たように、ボリビア政府が世銀の条件をのんでベクテルの子会社に公営水道システムの乗っ取りを許したのち、オスカー・オリベラの率いる「水と生命の防衛連合（コルディアドーラ）」はコチャバンバで抵抗運動を組織することに成功した。労働者、農民、農場主など関係者による幅広い運動として組織された「コルディアドーラ」は、地域の水道システムの「非民営化」と「水と生命」に対する地域社会の権利を守ることを主な目標としていた。ベクテルによるコチャバンバの水道システム民営化のために水道料金が高騰したが、世銀の貸付金を使って困窮者の水道サービスを補助することが政府に許されなかったため、多くのボリビア人がコチャバンバに向かって行進した。これがきっかけで発生したゼネストや交通封鎖で市街の機能は停止した。二〇〇〇年四月初めに政府が戒厳令を布告し、大衆の抗議運動に対して警官隊が暴力で応じるようになり、運動家の一斉検挙が行われ、ラジオとテレビ番組の中断が相次いだ。

コルディアドーラ主導のこの大衆抵抗運動のために、ベクテルの子会社はボリビアから追い出され、政府は民営化計画の断念を余儀なくされた。二〇〇〇年四月一〇日、ベクテルの子会社アグアス・デル・トゥナリの幹部はそそくさとボリビアから退去した。大衆の強い圧力に屈したボリビア政府は、市民に嫌われた水道の民営化をやめたのだが、問題は残った。地元の水道会社「市営上下水道サービス（ＳＥＭＡＰＯ）」を運営する者がいなくなったのだ。こうしてコチャバンバの水道事業は元の従業員と地域社会に引き渡された。

コチャバンバ市民は、ＳＥＭＡＰＯの新しい役員会を選出し、明確な原則に基づく新しい活動目的を定めた。以来、この活動目的は変わっていない。ＳＥＭＡＰＯの新原則によれば、効率のよい運営がなされ、汚職とは無縁で、従業員に公平でなければならない。社会正義への献身を指針とし、水がない人たちに優先して水を供給し、さらに声なき人びとをかかわらせて組織する触媒になる必要がある。この活動目的に触発され、新しいＳＥＭＡＰＯはコチャバンバの極貧地域のために巨大な貯水槽を設置し、前の会社に見捨てられていた四〇〇町村をネットワークで結び、地域住民と一体になって水道サービスをめぐる問題の解決に取り組んだ。

大西洋の反対側、世界的な水企業の本拠であるフランスでは、グルノーブル市民が一〇年以上つづいた地域闘争の末、上下水道事業がまた公的に管理されるようになったことを祝っていた。一九八九年、グルノーブル市長は世界最大手の水企業スエズの子会社リヨネーズ・デ・ゾーと契約し、市営水道の民営化手続きを開始した。市民の強い反対があったが、民営化契約は着々と履行された。だが、前述したようにこの取引は市長選挙への献金と引き換えに成立した汚職まみれのものだった。リヨネーズ・デ・ゾーが水道料金の大幅値上げを強行すると、人びとが抵抗して市民運動が生まれた。一九九五年に市長とリヨネーズの幹部が起訴され、その翌年には贈収賄による有罪が確定した。

この市民運動は二つの団体、「民主主義と環境と連帯のための連合」および「水を救え」と深く結びついていた。この問題に関与した二つの組織は、スエズの子会社との取引の背景調査を実施し、水道の民営化取引を法廷で追及するための法廷戦略を整備した。これによって、グルノーブル市民は値上げを撤回させる判決を勝ち取った。また、市の上下水道システムの民営化契約にいたった一九八九年の原判決も破棄された。訴訟ののち、グルノーブル市議会は官民パートナーシップの一種である混合経済会社（SEM）を設立することにし、リヨネーズ・デ・ゾーの別の子会社と水道サービスの下請け契約を結んだ。だが、市民運動によってまた訴訟となり、この契約も法廷で無効とされた。

グルノーブル市水道システムの非民営化の準備は整った。一九九五年以降、市民運動家は市の水道システムを住民の手に取り戻すことを政策に掲げて選挙運動を展開した。市議選で数議席を獲得したのち、新千年紀の立春はグルノーブル市民にとって祝賀の日となった。一〇年つづいた民営化が終わり、リヨネーズ・デ・ゾーは退場させられた。二〇〇〇年三月、グルノーブル市議会は最終決定を下し、上下水道システムを市民の手に戻したのである。

民営化と戦う

コチャバンバとグルノーブルの戦いは、人びとが団結すれば水道システムを市民の手に取り戻せることを示している。近年、地域社会の水道システムの民営化もしくは乗っ取りに対する戦いは、世界各地で加速している。これを支援しているのが公共サービス労組の世界的な連合組織である国際公務労連（PSI）とその関連組織である。

世界で唯一、憲法に国民の水の権利がうたわれている南アフリカでは、ヨハネスブルクやダーバンのような都市周辺のタウンシップ（旧黒人居住区域）で水道の民営化に対する抵抗運動がさかんになっている。南ア自治体労組のような労働組合が、スエズやバイウォーターのような水道王を公然と批判し、民営化に代わるものとして「官民パートナーシップ」を積極的に推進している。同時に、ヨハネスブルクの貧民地区では、コストを全額回収しようとする水道会社が値上げした水道料金が払えずに水道を止められる事態が発生した。そのため、住民は町内会レベルの抵抗運動を組織した。給水が止められると、地元のグループが家々をまわって水道管をつなぎなおして水道のメーターをはずすのだ。同じように、ダーバン近郊のエンパンジェニ・タウンシップで給水が止められたときも、住民が水道のメーターをはずして抵抗した。二〇〇一年五月にも、公共施設を会議に使用することを市長に拒まれたエンパンジェニ・タウンシップの住民が公有地に座りこみ、水危機に関する集会を開いた。

ＩＭＦと世銀が融資の更新条件として水道民営化を強要したガーナでは、多くの市民団体が「水道の民営化に反対するガーナ全国連合」を結成した。ガーナの人口の四四パーセントが水道サービスを受けていないという報告に応じて、二〇〇一年六月五日、連合は「アクラ宣言」を発表した。アクラ宣言には、水道の商品化と民営化拒否の総意があった。「われわれの水道セクターにかかわる問題の適切な解決策」として外資系多国籍企業が推進する民営化モデルへの拒否である。アクラ宣言はガーナ政府に「民営化を急ピッチで進めるとの決定を白紙に戻し」、地域社会と政府および地元企業をもっと活用する水道供給の代替モデルについて調査して、「水道セクター改革に関する全国的な討論」を実施することを求めた。

大西洋の反対側のウルグアイでは、「大衆主導の運動（ＭＰＩ）」という労働組合と社会組織の連合が、水道事業の民営化をやめさせる法律を整備する目的で組織された。一九九二年の国民投票では、ウルグアイ人の七〇パーセントが行政サービスの民営化に対し「ノー」と答えた。しかし二〇〇〇年一月には、首都モンテビデオなどの地域社会で、上下水道システムの三〇年におよぶ事業権がスペインの水企業アグア・デ・バルセロナに与えられた。それまでは下水道システムを公共と民間の両セクターから市民が選んでいたが、民間だけになったのだ。この会社にはウルグアイの豊富な地下水資源のデータベース化が許された。ウルグアイの立法プロセスでは市民が法律づくりのイニシアチブを取ることができ、ＭＰＩは二〇〇一年にこれ以上の民営化を防ぎ、民営化の予算を廃止する法案づくりをした。

アメリカでは、全国の都市や町で地域グループと公務員および市議会議員が水道の民営化に抵抗してきた。彼らの共通の標的は、アメリカン・ウォーター・ワークスだ。イリノイ州ピーキン市は数年にわたる不満が鬱積した結果、一九九九年にアメリカン・ウォーターから水道システムを買い戻す準備をした。オハイオ州デイトン市近郊のヒューバーハイツは、法廷で二年にわたりアメリカン・ウォーターと争って勝訴し、住民の七五パーセントの支持を集めて九五年に市の水道システムを買い戻した。アラバマ州バーミングハム市民も、三億九〇〇〇万ドルで水道システムを買うというアメリカン・ウォーターの申し出を拒否し、テネシー州ナッシュビル市民も水道システムを民営化させない対策を講じた。一九九四年に株で一七億ドルを失って破産宣言をしたカリフォルニア州オレンジ郡も、水道システムを三億ドルで買うという申し出を断わり、行政サービスを手放さなかった。

似たような戦いはカナダ各地でも見られ、市民が公営の上下水道システムを企業の乗っ取りから守っている。バンクーバーでは、二〇〇一年六月にバンクーバー都市圏で開かれた公聴会に一〇〇〇人がつめかけてシーモア浄水場の民営化計画から入札者（ビベンディとベクテルの子会社など）が手を引くよう要求した。

ブリティッシュ・コロンビア州カムループス市では、新しい水処理施設を建設する官民パートナーシップ計画を市民グループと公務員が食い止めた。カナダの反対側では、ニューファンドランド州の自治体リーダーがセントジョンズ港に悪影響があった下水処理施設の改善を公約した。これに関しては、反対グループが地域の市長たちに会って、公的な所有と管理を維持するよう求めた。セントジョンズ市の財界人から圧力がかかったけれども、いまのところ市長たちは大手水企業の入札を受けつけていない。

水の輸出

ダムに対する抵抗運動が広範に組織され、水道システムの民営化への抗議も高まっているが、水の輸出への反撃はまだ始まったばかりだ。一つには、パイプライン、運河、スーパータンカーおよびウォーターバッグによる水の輸出計画がまだ実験段階にあるからだ。しかし、ボトル詰めの水は別で、これに関しては抵抗運動の徴候が認められる。

ネスレの世界的に有名なボトル詰めの水「ペリエ」は、アメリカのウィスコンシン州で抵抗運動の標的になった。この州の天然資源局が揚水許可を出したため、ウィスコンシンの地下水がペリエのブランド「アイス・マウンテン」に使われる湧水の取水源となった。市民団体「ニューポートの憂慮する市民」は、ボトル詰めの水事業につきものの大量揚水を阻止し、関連するウェットランドの環境劣化を阻止する運動の先頭に立った。ある環境運動家は「生態系から湧水を取るのは、人間から血液を抜くのに等しい」と言っている。二つの町で住民投票が実施された結果、それぞれの住民は四対一と三対一で地元の湧水からの取水を拒否した。州上院の公聴会や説明会で証言したのち、「憂慮する市民」は二〇〇〇年一〇月にウィスコンシン州天然資源局を相手取って訴訟を起こした。

二〇〇一年七月には「水資源保全のためのミシガン市民連合（ＭＣＷＣ）」がアメリカのペリエ・グループの申請への抗議運動を展開した。会社は五大湖の水の私有化、分水、および輸出に関連したプロジェクトを実施する許可をミシガン州に申請したのだ。「大容量の私有井戸システム」を設置することにより、ペリエ・グループは一ヵ月当たり六四〇〇万リットルないし年間七億七二〇〇万リットルを取水する予定だった。総面積五ヘクタール、水深約一五メートルの湖を毎年満たせる量だ。ＭＣＷＣは、このプロジェクトが「地域の水と天然資源に深刻かつ長期的な悪影響をおよぼし、ミシガン州は五大湖を保護しにくくなる」と主張している。

湧水からの取水と戦う地元市民の運動はさらに高まるだろう。ボトル詰めの水市場をめぐるペプシコとコカ・コーラの競争が激化すればなおさらだ。だが、いまは先住民コミュニティの水源が争点になっている。コンサルティング会社がカナダ政府のために作成した報告書（情報公開法により入手）によれば、先住民居留地の湖沼および河川の水を輸出目的で取水したがっている証券会社は、これまで先住民組織に数百万ドル規模の申し出をしてきた。先住民地域社会の文化的、精神的伝統には、水と生命が切り離せない関係にあるという認識が根づいていることから、水の輸出にも明確な態度をとってきたカナダの「ファースト・ネーションズ議会」は他の市民団体と協力して、水の大量輸出を禁止するようカナダ政府に要求している。しかし、この報告書が指摘するように、「貧しい地域社会が数百万ドル規模の申し出をいつまで拒みきれるかどうかが懸念」されるのだ。

カナダでは水の大量輸出問題が市民の抵抗運動の焦点になった。マッカーディ・グループがニューファンドランド州のギズボーン湖から取水した水を中東までスーパータンカーで輸送するという計画案を発表すると、カナダ人評議会は市民の抗議運動を組織した。一九九九年一〇月に抗議集会が開かれ、ニューファンドランド州政府と会談したあと、輸出は承認されないと発表された。カナダ人評議会も全国運動を展開し、水の大量輸出を禁止する法律を通すようにカナダ政府に要求した。この問題に関するカナダ人評議会の主張が国民の強力な支持を得たことを認識しながら、クレティエン政権はさしあたりこの立法化に取り組むかわりに、水の輸出に対する各州の合意づくりに努力している。水の大量輸出の禁止に対して政府が指導力を発揮しなかったことは、WTOやNAFTAのような貿易体制がカナダの政策に口出しするのを容認するのに等しい、とカナダ人評議会は警告している。

水質を守る闘争

水の輸出とは異なり、汚染との戦いはずっと以前に始まった。農企業が広範囲に使用する化学物質に始まり、石油・ガス事業、および鉱山業から出る廃棄物にいたるまで、大規模な企業活動によって自然の水系が大掛かりに汚染されている。そのため、水質を守る闘争のネットワークが世界中で生まれ、さまざまなかたちで地道な活動をつづけてきた。

コロンビアの例では、九〇年代半ば以来、環境保護、農民、労働者および人権擁護団体の連合が水の汚染問題をめぐってオクシデンタル石油会社と戦っている。一九八六年に、カニョリモン油田が氾濫原《はんらんげん》に建設され、この地域の自然水系は壊滅的な打撃を受けたのだ。オクシデンタルは、一九九八年に起訴された。

一九九九年には、カナダのアルバータ州に農場主と牧場主および関心をもつ市民からなる団体が結成された。彼らが戦う石油業界は、帯水層の水を大量に使用して「油田の圧力を保持」し、石油を効率よく汲みだす。油井深く水を注入する「水攻法《オイル・フラッド》」と呼ばれるこの採掘方法では、水循環から水が奪われるばかりか、その過程で水が汚染される。二〇〇〇年に、アルバータ州で許可された水攻法のための分水量は約二〇六〇億リットルと推定され、そのうちの七七〇億リットルは帯水層の水だった。大きな油田用に地下ゼロメートルから五〇〇メートルまでの取水許可を申請したペトロカナダに対し、この団体は抗議文と請願書による抗議行動を展開した。彼らは「石油会社による水の誤用と乱用」に正面から反対の声をあげようと決意していた。さまざまな行動によって、この団体はアルバータの環境省が水質の保全と保護をするかわりに、石油業界の利益を擁護していることに強く異議を申し立てており、いくつかの石油会社による淡水資源の破壊および汚染を暴露してもいる。

農企業で使われる大量の化学肥料や農薬は水質汚染の主因であり、抗議運動の焦点になっている。降雨のさい、農薬などに含まれる有害な発癌性物質は土壌のなかを移動して地表や地下の水系に流れこみ、水資源をひどく汚染する。これは「農薬の環境作用ネットワーク（PAN）」が組織した運動の重要課題の一つだ。国際的な連合体であるPANは、世界六〇ヵ国で活動する四〇〇を超す組織のネットワークで、アフリカ、アジア太平洋諸国、ヨーロッパ、北米およびラテンアメリカに活動の拠点をおく。地下水系の汚染を含めて、PANは農業で使用される農薬の危険性をターゲットとする運動をいくつも組織した。それらの運動により、PANは農場主と農場労働者および地域社会にさまざまな化学物質の用途と乱用、それが発癌、先天性欠損症、神経障害の原因となって、人間だけでなく生態系や生物多様性におよぼす害について学ぶ機会を提供している。

近年、大規模養豚場の急増も水質保全運動の争点になった。アメリカの「水の番人同盟」の会長ロバート・F・ケネディ・ジュニアは、二〇〇〇年一二月にアメリカ最大の養豚場を槍玉にあげて大きな訴訟を起こした。養豚場には小さな囲いに多くの豚を押しこんで飼えるように敷きワラを省く飼育方法があり、糞尿は扱いやすいように液化している。この液状の糞尿が川に流れこみ、地下水に滲みこんで、有害なガスを発生させる。これを重大な環境犯罪だとするケネディと彼の率いる「水の番人同盟」は、大規模な養豚場関連の環境保護法を実施できない米政府の責任を追及している。

また、シリコンバレーやアリゾナ州フェニックスなどのハイテク・コンピュータ産業も水汚染反対運動の主要な標的となる。この一〇年ほど、「シリコンバレー有害廃棄物連合」、「経済と環境正義の南西部ネットワーク」、「責任ある技術を求める運動」などの団体は、ハイテク・コンピュータ産業による地域水系の汚染に対して抵抗運動を組織してきた。こうした団体の市民教育運動は、ハイテク・セクターの偽善をあばく役に立っている。ハイテク産業は「クリーン」だと主張するが、実際は汚染という膨大な負の遺産を残しているのだ。

市民運動家や公務員も反民営化運動のなかで水質の問題を強調してきた。企業による公営の水道処理システムの乗っ取りに反撃する「カナダ公務員労組」は、人びとが以前よりも水の汚染や国民への説明責任について関心を高めていることに気づいた。小さい屋台やレストランの経営者も水質保護の必要性について留意するようになった。水道処理システムを民間の手にゆだねたら国民への説明責任はどうなるか？　ブリティッシュ・コロンビア州のあるデリカテッセン経営者は語る。「民間企業に市の水道処理システムをゆだねるなんて正気の沙汰ではない。なぜ、われわれの健康を危険にさらすようなことをするのか？　市民よりも株主に責任をもつ企業が、水質を守ってくれる保証はないんだ」

水系の回復

反撃のかたちは、個々の水系または集水域全体（湖沼と河川および港湾に表流水が流れこむ範囲）の保護などさまざまである。これまで述べたように市民主導で、河川や集水域を保全もしくは再生し、未来の世代に寄与する戦いもあるのだ。

一九九〇年には、アメリカの環境保護団体エコトラストが、ブリティッシュ・コロンビア州北部にある自然のままの集水域を守るために戦った。エコトラストはそれまで外国の雨林保護と取り組んできたが、彼らはこの戦いで先祖の時代からキトロープ・バレーに住んでいた先住民のハイスラ族と手を結んだ。この谷は湖沼や河川が豊富で、肥沃な氾濫原にも恵まれている。キトロープ川集水域の生態学的調査を実施したのち、一九九二年にエコトラストとハイスラ族はこの地域の先住民および非先住民団体と共同で原野再生計画をつくった。木材伐採といった自然資源搾取にかわるプロジェクトの概略を示した提案では、ガイド付き観光、生態学的調査、野生生物観察ツアー、再発見キャンプによる持続可能な経済計画が示された。この計画を実行するにあたり、ハイスラ族とエコトラストは一九九三年にナナキラ協会（ハイスラ族の言葉で「守る、監視する」の意）を設立し、先住民社会の人員をスタッフとして養成した。

その南のオレゴン州では、地域住民が連携してアップルゲート集水域を守るためのパートナーシップが形成された。総面積およそ二〇万ヘクタールのこの集水域には、アップルゲート川に流入する水系の周囲の土地が含まれる。かつて、この地域の農場主や伐採者や環境保護論者はことごとに衝突していた。自然のままだったこの谷の集水域は、いまや迷路のように入り組んだ皆伐の跡や伐採道路、にごった茶色の流れのよどむ川の傷跡が残っている。アップルゲート・パートナーシップによってまとまった農場主、環境保護論者、牧場主、伐採者、教育者などの住民たちと天然資源局職員が、集水域を回復させる長期計画に取り組んでいる。

地元の集水域の保護は、カリフォルニア州北西部のはずれにある木材の町の住民を団結させる共通のテーマだった。七〇年代と八〇年代のカリフォルニア州ヘイフォークの町は、環境保護論者が伐採者と戦った木材戦争の痛手を負っていた。一九九〇年に下された判決は、この地域の伐採業を休業に追いこみ、絶滅寸前のニシアメリカフクロウの生息地を保護した。この判決のあと、ヘイフォークの住民は町の死活問題として、持続できる方法による地域経済の立て直しが必要だと気づいた。一九九二年に、町の利害関係者の団体が地元の集水域の回復を共通の目標として集会を開き、集水域調査訓練センターを設立し、トリニティ川の南の支流について排水流域の回復を目標として自主的に活動しはじめた。この団体は一九九三年から九四年まで連邦森林局に支援され、約九〇〇〇ヘクタールの集水域の復旧に取り組んだ。

一九九九年七月、反対側に位置する東海岸のメーン州で一六二年にわたって水力発電ダムに堰き止められていた川が解放された。一八三七年の建設以来、エドワーズ堰はケネベック川の生態系を破壊し、魚の移動を妨げてきた。堰の所有者は、回遊魚の産卵遡上を助長する魚道を付設しなかったが、それでもダムの下流で長い年月を生きのびた個体群が存在していた。一九九〇年代を通じて、ケネベック連合と称する環境保護団体の集まりは、エドワーズ堰の廃止を求めて積極的なロビー活動と啓蒙運動を展開したが、九七年には連邦エネルギー規制委員会が所有者の意向に反して、ダムの撤去という前例のない命令を下した。

集水域の回復は北米だけに見られる活動ではない。このような反撃の取り組みはこの地球上のどの大陸でも起こっている。インドでは、大きなダムに依存しない灌漑および飲料用水の供給方法に焦点を合わせた活動が、脱ダム運動家の間でさかんになっている。南アフリカの「集水域コミュニティ」としては、オカバンゴ川とそのデルタを再活性化することに努力を傾ける地域社会グループの連合「オカバンゴ連絡グループ」のほか、「グレーター・エデンデール環境ネットワーク」という草の根団体などが、南アフリカのピーターマリッツバーグ－ムスンドゥジ地域のさまざまな組織と協力して、「二〇〇九年までに安全できれいなムスンドゥジ川」にしようと努力している。

脱ダム

脱ダム運動は世界中で水利権をめぐる戦いの最前線に立ってきた。巨大ダムの監視団体「国際河川ネットワーク」のパトリック・マッカリーによれば、過去一〇〇年間に世界の河川に建設されたダムは四万ヵ所にのぼり、ダムによって水没した面積は地表の一パーセント近くに達する。六〇〇〇万人にのぼる立ち退き者の多くは前よりも貧しい生活を強いられた。それだけではない。ダムが原因で破壊された生態系や生物多様性は数えたらきりがない。ところが、一九八一年に事態は一変した。フィリピンの先住民が暴動を起こした結果、世銀が出資していたチコ川のダム建設計画が中止になったのだ。

大小さまざまな団体の活動によって、この市民運動は世界中の何千という環境および人権団体の賛同を得た、とマッカリーは言う。こうした団体の発言力が増すにつれ、ダムは電力と水の供給方法として受け入れがたくなった。こうした巨大プロジェクトの予算がかさみ経済的な負担は大きくなった。その結果、低料金で豊富なエネルギーと水を供給するという当初の目標は達成できなくなったのだ。ダム建設は七〇年代の年間五四〇ヵ所を境に減少し、九〇年代には年間二〇〇ヵ所まで落ちこんだ。一九九二年には国際巨大ダム会議総裁ウォルフガング・ピルヒャーがダム建設業界にこう警告した。「強力な反対運動……は、世間から見たダム工学の威信をすでに失墜させ、業界の前途は多難と言うべきだ」

世界各地の巨大ダムへの反撃には感動的なエピソードが多いが、運動の重要性にまで理解がおよぶものはそれほどない。旧ソ連、東欧圏諸国の話がある。ハンガリーではナジマロス・ダムの建設中止を求めた独立市民団体「ドナウ・サークル」が八〇年代に結成された。当時のハンガリーは共産党政権の独裁的支配下にあったから、ドナウ・サークルがまず目標にしたのは、この問題についての議会討論を呼びかける請願書の配布による、ナジマロス・ダム・プロジェクトにかかわる秘密主義の打破だった。一九八五年にはこのプロジェクトに関する環境アセスメントを公表した。その一年後にこのグループが記者会見を開くと、環境運動家が即座に逮捕され尋問をうけた。抗議のデモが起こり、これが発火点となって運動が広がった。一九八八年一〇月、一万五〇〇〇人のハンガリー人がブダペストの街頭で、ドナウ川のダム建設に抗議した。一九八九年五月、非共産主義国となったハンガリー政府は、ナジマロス・ダムの建設を中止し、その年の一〇月には、国会の議決によって、このプロジェクトは完全に破棄された。

これに似た闘争は、八〇年代の初めにグアテマラでもあったが、こちらは虐殺という結末を迎えてしまった。一九八二年、世銀と米州開発銀行が合同出資した、チホイ水力発電ダムが完成間近だった。ところが、ダムを満水にしようとするときになって、ネグロ川沿いのアチ族の村民が立ち退きを拒んだ。グアテマラの電力会社が提供した再定住地は、充分な広さがない上に土地もやせていたのだ。それに対して、政府が後ろ盾になっていた準軍事組織はこの年、八ヵ月の間に四回の殺戮行為をはたらき、ネグロ川沿いに住む四四〇人のアチ族を殺害したのである。この虐殺で一九人の親族と妻と幼い子供をなくしたクリストバル・オソリオは当時のことをこう語った。「土地に対する権利を主張しただけなのに、殺されてしまいました」。生態系も犠牲になった。のちに国連真相究明委員会はこの残虐行為を大量殺戮だとして非難し、世界ダム委員会はこの犯罪に対する賠償金の支払いを要求した。

最近の例としては、タイのパクムン・ダム建設の影響をこうむった地域社会で、世銀出資によるプロジェクトが一九九四年に完成して以来、抗議運動がつづいている。世銀とタイ政府に要求を突きつけたパクムン村の人びとは、ダムの撤去、川の回復、漁業の復活を求めているのだ。世界ダム委員会は、このダム・プロジェクトには期待された便益がない、漁業も深刻な打撃を受けたと報告書のなかで非難した。

アメリカの脱ダム運動家たちは、驚くべき事態の展開を経験していた。ダム建設時代がほぼ終了したことを認識するようになった政府の官僚は最近、ダムの廃止とそれにともなう天然河川系の開放に注意を向けているのだ。一九九八年、内務長官が「杭打ちハンマー・ツアー」と称する全国視察旅行に出発した。地域漁業に悪影響をおよぼしている、老朽化した小型ダムの撤去が目的だった。二〇〇〇年には、アメリカ全土で一〇〇ヵ所以上のダムを廃止するための活発な運動が定着した。廃止運動を展開するにあたって、ユニークな協力関係が河川保護団体、漁業専門家、関心をもつ市民、地元政治家、米政府機関の科学者の間に生まれた。ウィスコンシン州の「リバー・アライアンス」が開始した「二〇〇〇年までに二〇ヵ所」運動は、二〇〇〇年までに六つの地域社会でダム二〇ヵ所を撤去もしくは撤去候補にすることを目標とした。

脱ダム運動はかなり成熟してきている。主要河川の巨大ダム建設の阻止だけに重点がおかれる時期ではなくなった。より持続可能かつ公平で効率的な河川管理の開発、地域社会に根ざしたより民主的な意思決定プロセス形成にかかわるようになった。同時に脱ダム運動家の間には、いまの政治経済体制そのものを変革する必要があるという認識がある。インドのナルマダ渓谷における反巨大ダム闘争は「単に一本の川をめぐる戦いだけではなくなっている」と、著名な作家アルンダティ・ロイは言っている。「政治体制全体が疑問視されるようになった。いま争点になっているのは、この国の民主主義のあり方そのものだ。誰の土地なのか？　誰の川なのか？　森は？　魚は？」

国際的な闘争

水問題のために戦う市民運動家の多くは、そのエネルギーを地域の行政に集中させるのだが、国によっては市民団体が中央政府の責任を追及する場合もある。たとえば、フランスの水関係法改正案をめぐって、市民運動家が大規模な討論会を開こうとしている。カナダでは、国の水道インフラ再整備の大規模財源を確保し、水輸出を禁止する国策が連邦政府に求められた。ガーナとウルグアイの水運動家たちは、中央政府の政策と法律を変えることを目的にしている。南アフリカでは、水道を止められたタウンシップの組織した抵抗運動が、中央政府に憲法（水は基本的な人権だと記されている）を遵守させることを主要な目標に掲げた。

同時に、水問題の市民運動はますます国際化が進んでいる。インドのナルマダ渓谷のような脱ダム闘争は、世界中の市民運動家の注目を集めているが、それは世銀やＩＭＦのような国際機関がはたしている役割だけでなく、国際河川ネットワークのような市民団体が組織化に取り組んできたことと関係がある。同様に、ボリビアのコチャバンバ市の水道事業民営化をひっくり返す戦いは、ベクテルのようなグローバル企業や世銀の存在があったからというだけでなく、地元の抵抗運動とその同盟者（国際公務労連など）による組織化運動によって国際的になった。実際、こうした水関連の運動が地域レベルの戦いだけでは勝てないことが市民運動家の間で常識になりつつあるのだ。グローバル化の進む水業界とその市場自体が、地域社会に根ざした運動に対して国際的な広がりをもつことを要求している。特にグローバルに動く大手水企業が闘争の目標になっている場合はなおさらだ。

二〇〇〇年三月にハーグで開催された「世界水フォーラム」のような催しは、国際的な活動の場として重要になってきた。この年、カナダ人評議会が発足させた「ブルー・プラネット・プロジェクト」や国際公務労連など提携組織による呼びかけがなければ、各国代表の多くはグローバルな水企業の一方的なメッセージしか聞く機会がなかったろう。しかも、水をめぐる権利に関する戦いは、インドの社会運動家が「邪悪な三位一体」と呼ぶＩＭＦ・世界銀行・ＷＴＯに対する反グローバル化運動で重要な位置を占めるようになった。脱ダム闘争はＩＭＦや世銀に対する国際的な戦いの発火点となってきたが、一九九九年以後に組織された大衆の抗議運動は、こうしたグローバルな機関が政府に水道事業民営化を強要するために利用する金の力にも注目している。水の権利をめぐる闘争はまた、WTOで行われているGATS（サービスの貿易に関する一般協定）交渉の停止もしくは方針変更のために組織された、国際運動における重要問題の一つになった。

これまで、水の権利をめぐる世界各地の抵抗運動を見てきたが、抵抗の種子が蒔かれただけではなく、それは大きく成長していることがわかる。だが、重大な欠陥と限界があるのも事実だ。とにかく、水闘争をめぐって組織された多様な市民運動は、当面のグローバルな危機に対処できていないし、ましてや、持続不可能な「解決策」を精力的に推進している政財界エリートの力にはまだ太刀打ちできていない。だからといって失望することはない。むしろその逆である。水問題のグローバルな運動の構築はまだ始まったばかりなのだ。世界中の水の保全計画に弾みをつけ、共通理念のもとに多様な取り組みを統合する方法がないわけではない。水の安全保障運動がそれ以外の環境や社会正義を守ろうとする団体と力を合わせ、営利企業による世界の水資源強奪に待ったをかけようとしているいま、強力な反対の気運はすでに高まりつつあるとも言えるのだ。

第九章　立脚点――共通の原則と目標が世界の水を救う

トロント大学のエメリタ・フランクリンによれば、史上最も重要な社会運動は、いずれも明確な「立脚点」に立っている。フランクリン博士の説明では、立脚点とは人の務めと目的を教えてくれる倫理的な枠組みだ。

新しい千年紀の夜明けを迎えた現在、世界は水に関して後戻りができない重大な決断を下そうとしている。地球上の個人、国家、企業は、生命を与えてくれる水を汚染しつづけている。貧しい国には水の処理システムがまったくないか、あっても限界まで酷使され、富裕な国々でも環境ホルモンや有害な化学物質が、地元で供給される水から検出されている。汚染者のなかには水系に有害物質をなお流しつづけている者もおり、その行為がおよぼす害について証拠を突きつけられても反省しようとしない。だが、これまで水に加えられた害は意図的でなく、結果としてそうなった場合がほとんどだった。全体として見ると、人類は水があるのを当然と考えてきた。不注意から汚染しても、地球の水系には回復力があるから心配ないと思っていた。しかし、それは過大な期待でしかなかった。いまや、これまでおよぼしてきた害の責任をとるときがきているが、おそらくこれだけは言えるのではないだろうか――誰しも、故意に地球規模の水不足を招き、世界の水資源を破壊してきたのではない、と。

岐路

しかし、私たちは多くのことを知るようになり、もはや、悪気はなかったと言ってすまされない。皆伐や有害物質の投棄など環境に対する軽率な行為が水路を破壊していることを、私たちは知っている。エネルギー多消費型の産業および個人の行為と水中生息域を破壊する地球温暖化との関係もわかっている。私たちが地表水の汚染を止めようとしないために、限界を超えた速度で帯水層を枯渇させている証拠が山ほどあるのに、依然として地下水の汲み上げがつづいている。さらに、灌漑農法が土地の砂漠化だけでなく地下水の破壊を招いていることもわかっている。

だが、世界中の社会が——少なくとも政府や民間の指導者たちが、無制限な成長モデルと無節操な大量消費の魅力を追求する経済のグローバリズムを受け入れている。そして小農家が土地を捨てて過密な都市に向かわざるをえない状況をつくっていて、環境にやさしくない方法による、「モノ」や食品の生産を奨励するグローバルな貿易政策を進めている。国民が支持するのは消費者物価を引き下げる政府であり、政府はそれを実現するために、農業と食糧生産、化学物質の使用および産業廃棄物に関する国内規制を緩和した。実際に私たちが現代の工業社会で行っていることは、ほぼ例外なしにグローバルな淡水危機を深刻にしている。巨大な多国籍企業はNAFTAのような貿易体制下で事業を保護されている。したがって、紛争処理小委員会に提訴されることを恐れる政府は、環境関連法を後退させてしまうのだ。
そしていま、ＩＭＦや世界銀行などの国際的な貿易金融機関に後押しされる多国籍企業は、グローバルな淡水危機につけこんで利益をむさぼろうと考えている。民間に世界の水資源を牛耳らせれば、守れるものも守れなくなる。そうなると少数からなる水の所有者層が生まれ、私利をはかろうとする彼らのために水の利用法が決められてしまうのだ。そのような事態を防ぐためには、世界中の人びとと地域社会が協力して、共有資源に責任をもち子孫が困らないように水を使わなければならない。

枯渇しつつあるグローバルな水資源を商品化するのは間違いである――倫理的にも、環境を保護する上でも、社会的にも。商品化された場合、水の割当量は環境や社会に配慮がなされず、商業上の理由だけで決められるようになる。企業の株主が追求するのは、環境を破壊しないかどうかや平等なアクセスではなく、最大の利益なのである。民営化とは、長期にわたって持続させることではなく、希少性や利潤極大化の原理に基づく水資源の管理を意味する。

公共サービスを民営化する動向があり、市民が自らの水源を分配し管理することが困難になってきている。政府が民間の水道会社と契約したら最後、水道事業の経営権を取り戻せなくなる。それは市民の民主的な活力を殺《そ》ぐことを営利企業に許すのに等しい。さらに、国際的な水道会社が環境規制の緩和と水質基準の規制撤廃を求めてロビー活動を展開するにつれ、政府の施策に対しても不当な影響力をもつようになるのだ。

明らかに危険な事態であるのに、淡水の商品化は驚くべき速さで進んでいる。この貴重な資源をめぐる意思決定は、ごく少数の者、つまり世銀と国連の官僚、彼らに助言する水の専門家からなる顧問団、政府支援組織、貿易を専門とするエコノミスト、利害関係をもつ有力な水企業の手に渡ってしまったらしい。この小さいが有力なグループは、話し合いの段階は過ぎたと判断し、水道の民営化を「誰もが」支持していると主張する。これはまやかしだ。世界の市民はそれについて意見を聞かれるどころか、知らされてもいなかった。実際には、水の管理について選択する権利が与えられれば、市民は当然、地域レベルの公的な管理を選ぶはずだ。

政府が率先してこの問題について論議しようとしないからには、市民が自ら政治論争を挑まなければ、世界の水を一般市民の「コモンズ（共有財産）」として守ることはできない。それには、水の安全保障が守られる未来のために必要な基本原則について、総意をまとめなければならない。水に関する五つの倫理的な問題と取り組む必要があるのだ。すなわち、コモンズ、スチュワードシップ（資源管理）、平等性、普遍性、そして平和である。

コモンズとしての水

水の商品化に対抗する手段は脱商品化以外にはない。水は永遠に共有財産であると宣言し、そのことを全員が了解しなければならない。すべてが民営化されるなかで市民は、生命にとって神聖な分野、あるいは社会的経済的に公正であるために必要な分野を、明確に区別すべきだ。

水への平等なアクセスは、生命と公正さのどちらにとっても、無条件に重要である。

インドの物理学者で社会活動家バンダナ・シバが指摘するように、環境保全規則に基づいて利用されるかぎり、共有財産としての水は決して消失しない。水不足のとき節水に成功する唯一の方法は、共有財産権を復活させることである。そうすれば、自然の再生力と社会的公平性の限度によって、自ずと水の利用が抑制される。水を共有する者の間では利用についての規則を定める必要がある。何らかの制約を課さなければ、公平な取り分よりも多く使う者が出てくるだろう。

水問題の国際的な運動家リッカルド・ペトレッラによれば、複数の同質または異質の商品のなかから、価格と品質を基準に選択できることが、市場の基本的な特質である。水の商品化は、メーカー製品を商品化するときと同じ論理で進められる。市場が最も適切な基準となるのは、富の分配だけでなく原料や天然資源を効率的に配分する場合もそうなのだという。各国は得意とする「モノ」を生産し、自由市場で競争する。だから、裕福な国は科学技術、アイデア、遠距離通信を市場に出し、安価な労働力をもつ貧しい国は劣悪な労働条件下でつくった「モノ」を輸出する。石油や水などの天然資源に恵まれた国も「競争」し、世界市場で「製品」を売る。この論法に従えば、輸出に関する政府の基準や補助金は自由市場における「効率的な」競争の障害物でしかない。

だが、水へのアクセスは効率的な富の蓄積や選択の問題ではない。それは生死にかかわる問題なのだ。水は靴やピザのように利益のために売り買いされるものではない。たしかに、ボトル詰めの水の会社は帽子や手袋や車と同じように、水を「商品」として市場に出し、多くの「品揃え」を提供する。しかし、すべては幻想にすぎないのだ。しかも、加速する消費と拡大する市場という巨大な力《ジャガノート》を解き放つことになる利潤原理に基づいて処理し流通させるには、水は資源としてあまりにも貴重なものだ。ボトル詰めの水も同じ有限の水源から得られる。市場が成長しつづけるからといって、供給量を際限なく増やすことはできないのである。生態系のなかで水に匹敵する生命の源は土と空気だけだ。そして水ばかりは他のもので代替できず供給量はかぎられていて、すべての生命にとってなくてはならぬものなのだ。代替品がないこと自体が、市場原理にゆだねられない基本的財産であることを意味している。ペトレッラによれば、水は社会全体を機能させるのに必要不可欠であり、だからどんな人間社会にとっても基本となる、社会的財産であり共通財なのだ。

また、バンダナ・シバによれば、水市場は世界のすべての人びとに水の供給を保障するわけではなく、困窮者や社会から落伍した者を除外し、経済力のある者にのみ供給を保障している。人びとが規制を撤廃されたあとの「自由」市場の気まぐれな力学の奴隷になるにつれて、コモンズは破壊され、社会の弱者は健康と生命の維持に欠かせぬ資源を利用する権利を否定されてしまう。

こんな結果を招く必要はない。さらなる商品化をするかわりに、水をコモンズの一部として扱い、水の管理への参加を地域社会にうながし、自分たちの手に取り戻すのだ。南アフリカの活動家グループは、水がコモンズの一部として扱われれば、利潤動機に基づく力関係にゆだねられるよりも多くの人に公平に供給されると、指摘している。多くの人びとが健康になって公益によりよく貢献できるのである。そのために経済活動がさかんになる。利潤動機にかられた供給者が、水を水源が枯渇するまで汲み上げるようなことはないから、資源は保たれるのである。これが地球の健康を育み、生態学的なバランスを保ちやすくする。この惑星が健康ならば、持続可能で責任ある経済活動がしやすくなり、ひいては市民に繁栄をもたらす。つまり、水をコモンズとして扱えば、生存のために必要な水を入手する権利が、個人に認められるだけでなく公益も増進する。水への基本的なアクセスをすべての人に保障するための費用を、共同で負担すべき理由はここにあるのだ。それは人間の基本的義務であり、長期的に考えれば環境や経済にとって意義あることなのだ。

水のスチュワードシップ（資源管理）

工業化されたほとんどの現代社会で、人間が自然界との調和を失ってしまい、ある意味では地球の存在そのものを脅かしている事実は、痛ましいほどに明らかだ。自然の摂理が与えてくれた水の配分を尊重しないで、私たちは必要に応じて水系を手なずけ変化させ制御してきた。その結果は惨憺たるものであった。こういう行動は、人類を神や自然よりも高いところに位置づける世界観によるものだが、それでも人間は長いこと自然の法則を無視しながら生きてこられた。しかし、この不遜な態度に対して、自然が猛烈に報復しようとしていることは、はっきりしている。

水についての新しい倫理観が育まれるとすれば、その中心に自然界との絆の回復と水への敬意の念が生まれなければならない。人間は生物種のなかの一種にすぎず、他の種と同じく自然界の法則に従うほかに生きていくすべがない。だが、人類はそれを自覚することなく、自分たちの共有財産を汚染してきたのだ。種として存続するには、湖沼や河川と地下水の保護および再生が必要であり、あらゆる人間活動はこれを目標にしなければならない。

この新しい倫理観によって、分水や大型ダム、大規模灌漑プロジェクトにかかわる諸問題について、根本的な発想の転換がなければならない。農業の企業化とそれを可能にする科学技術や化学物質は捨て去るべきだ。タンカー、パイプライン、運河、河川の流路変更によって、水を地球上で大量移送する大掛かりな新しい技術システムを阻止することが重要だ。

水を商品だとする人たちにとっては、海に流出してしまう水や、ある植林会社のＣＥＯが「退廃した荒野」と呼んだ場所にある水などは、人間と経済の役に立たない無駄な存在なのだ。こういう見方の裏には、富を増やすには、どこかから資源を奪って加工し、売れるようにすべきだという前提がある。この主張の最大の誤りは、資源の補充を考えないことだ。海に注ぐ水も自然の水循環の一部であり、これがあったからこそ地球の生態系バランスは太古の昔から保たれてきたのである。水循環を回復できないほどひどく乱してしまうのは、地球上の生命を維持してきたシステムに手を加えることにほかならない。

科学者はさらに警告している。集水域から大量の水を移動させれば生態系も破壊される、と。地下水位が下がると、鉢状の陥没ができて井戸が涸れもする。水の大掛かりな移動には莫大なエネルギー源のコストがかかってくる。カナダのGRAND運河計画の机上プランでは、水の大量移動に必要なエネルギー源を原子力発電所に求める計画もある。既存の分水や水力発電の巨大プロジェクトは、すでに局地的な気候変動、生物多様性の減少、水銀汚染、森林破壊、魚類の生息域やウェットランドの破壊をもたらしている。だが、こうしたプロジェクトの悪影響のすべてを合わせても、将来、大規模な水移動技術が用いられた場合の害とくらべたら微々たるものでしかない。

調査によれば、大規模な水の移動が影響をおよぼすのは、それと直接かかわる生態系だけにとどまらない。海岸の生態系バランスを考え、川の自然な流れを維持することの重要性について述べたカナダの水専門家ジェイミー・リントンは、「海に注ぐ川の水は『無駄』になっていない……タンカー輸送用の水を湖沼や河川から採りつづけると、沿岸や海洋の環境にも多大な影響がおよぶ」と指摘する。同じく、カナダの作家で映画製作者のリチャード・ボッキングは、川を分水するとき、まさにファウスト的な苦悩に満ちた取引がなされると言う。「われわれは川の生命、その谷と生物系、そして邪魔になる人たちの生活手段と引き換えに、発電や灌漑を手に入れた。過去五〇年間のダム建設の代償が明らかになった以上、川や湖を給水システムとして利用することの悪影響について知らぬふりはできない」

海水の脱塩技術への依存も、やはりファウスト的な取引だ。淡水化プロジェクトは現在いくつかの地域社会や国で役立っており、この技術の利用は今後増えるだろうが、淡水化は決して世界の水危機への万能の解決策にはならない。費用が高くつくため、少なくともしばらくは裕福な国しか利用できないだろう。たとえコストが下がっても、大量の化石燃料を使用するエネルギー集約的なこの技術は、地球温暖化に拍車をかけてしまう。

淡水化には致命的な副産物がある。淡水にできるのは処理した海水の三分の一にすぎず、残りの三分の二は高濃度の塩水だから、それを海に廃棄すれば重大な汚染源となるのだ。さらに、少しばかりの海水を淡水化したとしても、地下水の塩分が増大している問題は解決できない。費用が高くつき気候変動を助長する事業を立ち上げて世界中の海を淡水化するより、淡水の塩分過多の原因となる現在の活動をやめるほうが、もっと容易であることは常識でわかるはずだ。こんな状況になってしまった原因は、まず第一に押しつけがましい技術の乱用にあった。同じことをこれ以上繰り返しても淡水危機は解決できないのである。

水の平等性

他方、水に関する不平等があるなかで、他と分かちあう義務が恵まれた地域にはあるとする人道主義的な主張があるが、それについてはどうだろうか？　水に関する包括的で持続可能な倫理には、当然そういう考えが含まれるはずだ。水に恵まれない人たちのほとんどは第三世界の住人である。一方、水に恵まれた人たちが住む先進諸国の企業と特定の階層に属する人びとは、いま水ストレスにさいなまれている地域の多くを、植民地化することで裕福になった。ここに悲劇的なジレンマが示されている。先進諸国には、水資源の乏しい地域と水を分かちあう道義的責任があるとは言えるが、それはすでにダメージを受けている生態系に多大なストレスをかけることにもつながる。このジレンマの解決をはかるには、取り組み方を短期的なものと長期的なものに区別するのがよいだろう。長期的な解決策としての水の輸入は、水の乏しい地域の生態系とそこに住む人びとのどちらにとっても好ましいものではない。生命の維持に欠かせない水は、政治および環境上の理由からいつ輸入が断たれるかもしれぬ外国に依存すべきでないのである。分かちあいを貿易と区別することも必要だ。貿易による水のやりとりでは、本当に困っているところへはまず行きわたらない。企業所有のタンカーで長距離輸送される水が、大企業と裕福な者にしか利用できないのは、輸出の動機が利益の極大化だからだ。このように、買うことができる者だけのために水を輸入するようになれば、水の乏しい国々の問題を現実的かつ公平なかたちで解決しようとする緊迫感や政治的圧力は弱まってしまうだろう。

　オーストリア・アルプスの小さな町ジミッツの町長ゲオルゲ・ヴルミッツァーは、町の水を大量に輸出することへの関心を示しながら、分かちあうことと貿易の違いについて語っている。

「飲料水がなくて困っている人を助けるのは当然の義務だと思う。だが水洗トイレや洗車のために日照りの地域へ水を送るのは罪悪だ。それでは意味がないし、生態的にも経済的にも信じられない愚行だ」。ジェイミー・リントンもこう言う。「水の商業的な輸出に関する最も有力な反対理由は、そもそも『水の危機』を引き起こす原因となった根本的な問題――増大する需要にあわせて供給量を増やすことができ、そしてつねに増やさねばならないとする思いこみ――を引きずりつづけるだけだからだ。それが世界中の湖沼や帯水層の枯渇と水生生態系の破壊につながったのだ」

しかし、公的に管理できれば、危機にさいして国家間で短期的に水を分かちあえるかもしれない。その場合、なるべく早く他国への依存から脱却できるように、期限や条件を厳しくする必要がある。そうすれば水系の回復に役立つ水の使い方ができるのだ。水資源の私有化や水道の民営化を野放しにしておけば、こうした解決策はとれない。非営利の水移送システムの構築を企業が座視するはずがないからだ。

水の不公平な配分が世界にもたらす危機の根底には、根深い南北格差がある。第三世界諸国の多くは衛生設備がないに等しく、飲料水が媒介する病気の蔓延を防ぐこともままならない。外資の市場参入条件を自ら決定できず、水路の汚染を産業にやめさせられない。ＩＭＦと世銀は、環境を破壊し水を大量に使う農業を奨励する食糧生産や輸出政策を押しつけてきた。こういう政策は終わらせなければならない。

グローバルな水格差に真剣に取り組むには、豊かな国が貧しい国と富を分かちあう必要がある。そのさい、巨大企業の利潤獲得を主目的とする持続不能の水システムを推進するのではなく、持続可能なシステムを構築すべきだ。政府がすぐにでもとれる行動がある。第三世界の債務を帳消しにし、対外援助予算を以前の水準（GDPの〇・七パーセント）に戻し、金融投機に課税することだ。その税収で水道のインフラ整備とサービスがまかなえる。

さらには、ひどい状況におかれている世界中の先住民についても理解を深め、特に配慮する必要がある。多くの国は利益のために先住民の水の権利を奪った。巨大ダムの建設や分水プロジェクトは先住民に多大な苦痛を強《し》い、産業は彼らの土地と水を汚染した。水は、先住民にとって精神生活の根幹をなすものであるから、先祖伝来の土地にある水に対して彼らが主張している所有権を尊重すべき理由となるのだ。

水の普遍性

水の平等性と関連するのが価格づけの問題であり、またそれが水源への普遍的かつ公平なアクセスに影響をおよぼすという問題なのだ。世界の多くの人びとの間では、原価に基づく価格づけをして、水に経済価値を付与すべきだとの声が高まってきている。多くの環境保護論者が指摘しているが、水に恵まれた国々は水が貴重であることに気づかず、ずっと水を無駄にしてきた。水に経済価値を与えれば、自ずと節水するようになるという議論もある。これは一見よい保全方法のように思われるが、現在の状況を考えると、価格づけについては危惧せざるをえないのである。

第一に、価格づけは水へのアクセスに関してすでにあるグローバルな不平等性をひどくするだけだ。最も深刻な水不足に苦しんでいる国々には、地球上で最も貧しい人びとが住んでいる。すでに水が不足している状態で水道料金を負担する必要があれば、貧富の格差は確実に広がってしまい、貧しい人たちは水にありつけなくなる。そして、価格づけがなされると、南北格差はさらに拡大するだろう。現在でも、南の人口爆発がグローバルな水不足の原因だと言う者が北の側に少なくないわけだから、水への「適正な価格づけを」という呼びかけは、人口増加に歯止めをかける口実にされることがある。この考え方は、エイズが第三世界の人口過剰に対する「自然の」回答だとする考え方と変わらないのだ。

乏しい資源のこのような私有化によって、工業化された社会に水を買える者と買えない者の二つの層ができてしまう。選択をせまられた市民は、水や健康管理など生きていく上で必要なもののうちの何かを犠牲にせざるをえない。サッチャー政権下のイギリスでは、水道料が値上げされたために、市民は、食品を洗おうか洗わないでおこうか、トイレを流すかどうかを思案し、入浴についてさえもいちいち考えなければならなかった。

第二に、世銀のような金融機関や貿易協定による現行ルールでは、価格づけされた水は私的商品と見なされる。政府が配水し保護する公共サービスとされているときだけ、こうした強力な機関の強制措置を免れることができるのだ。この点について、WTOやNAFTAのような貿易協定にはあいまいなところがない。水が私有化されて一般市場に商品として出まわれば、買える者は買えるけれど、本当に必要としている人が買える保証はないのだ。私有化が始まれば、貿易のルールに従わねばならず、後戻りはできない。しかも、自由貿易協定のルールのもとでは、政府が二重価格制をとることはできない。市場における水の価格を決定するのは市場であり、輸出国をも含めて、政府はグローバル市場でついた高値を自国民にも請求しなければならないだろう。だから、裕福な国の貧しい人びとも、貧しい国同様に苦しむことになる。

世銀は困窮者を気づかっているように見える。民営化したあとで水道料が払えず、給水を止められる困窮者に補助を与えるよう奨励しているからだ。たとえば、チリでは最も貧しい者に「水券」を支給している。だが、第三世界の福祉問題に通じている人ならわかるように、こんな慈善行為はほとんどないわけで、あっても条件が非常に厳しいのだ。基本的人権としての水は、国連の「経済的、社会的および文化的権利に関する国際規約」で保障されている。この偉大な宣言の立案者は、水の福祉を考えなければならないなどとは思わなかったはずだ。

第三に、いま考えられている水の価格づけは、水の保全にはあまり役に立たない。都市の中心部の水消費の内訳を見ると、産業が六五パーセントから七〇パーセント、公共機関が二〇パーセントから二五パーセント、家庭が一〇パーセントを占めている。水の価格づけに関しては個人消費を中心に論議されながら、大量の水を消費している大企業の一部が、代価を払っていないことも周知の事実だ。

最後に、競争による価格づけがなされるなかで、環境や後世の人たちのために金を出して水を確保するのは誰になるのか？　民営化と価格づけの議論が、自然界と他の生物種について触れることはほとんどない。環境にかかわるコストも含む、取水と配水の総経費が商業的な計算に入れられていないからだ。だが、このコストこそ計算に入れなければならず、それを反映した法制化も進めなければならない。水道システムを公的に管理できなくなれば、乱用や起こりうる破壊から、大切な集水域や自然のままの湖を法律によって保護できなくなってしまう。

水の価格づけに関する話し合いは重要であるだけに、それはより大きな枠組みのなかでなされるべきだ。有効で適正な価格づけを真剣に考えるには、貧困のグローバルな不均衡、人間の権利としての水、自然界における水という三つの要因を考慮する必要がある。水の販売は、支払い能力、基本的に必要な水の無料保証、公正な税制度に基づく公平な価格システムによらなければならない。そこから上がる利益は、世界の水問題を改善し水への普遍的なアクセスを確保するために利用しなければならない。具体的には、公平な価格づけによって集められた資金は、以下の事柄を改善するために使用するのである。――支払い能力に関係なく地球上のすべての人に基本的な水と衛生設備を保障し、環境を保護して集水域を回復させ、水の安全基準を実施して、欠陥のあるインフラを整備する（これが原因で失われる水はかなり多い）。

水へのアクセスを誰にでも可能にするには、最も浪費する者に乱用をやめさせる法律を成立させ、政府がその施行に本腰で取り組むことだ。また今日、大企業がタックスヘイブンを利用したり、産業誘致のための税の引き下げや撤廃を政府に迫ったりして巨額の税金を免れることもある。それを少しでも取り返すよう、政府はより公正な税制度を導入するべきだ。これによる税収は、死にかけている地球の水系を浄化する上で大いに役立つはずである。明白なのは、水の最大の利用者に的をしぼらなければならないことだ。

これらが実施できれば、水と適切な衛生設備への普遍的なアクセスが保障されるだろう。だが、そうなるには公益に基づいて水を管理する必要がある。政府が水の管理と商品化を企業に許せば、利潤原則に支配されてしまう。その場合、水の価格づけは保全と公正をうながすものでなく、市場の道具になるだろう。水が生命に必要不可欠である以上、水への普遍的なアクセスは基本的な人権であり、これこそが水をめぐる新しい倫理でなければならない。

水の平和

水不足が深刻になるこの世界で、私たちが立場の違いを乗り越え、人類共通の脅威に立ち向かう必要性に気づかなければ、国際紛争は増えつづけるに違いない。人類がすぐに力を合わせて策を講じ、グローバルな水危機に立ち向かわなければ、今後も水を確保できるかどうか覚束なくなる。何とかしてこの危機の性質と規模について共通の理解に達する必要があり、そうしなければ一体となって行動できない。足並みをそろえて行動することが必要なのだ。世界を破壊できるほど大きい彗星が地球に近づき、全人類が団結して取り組まなければその軌道をそらせないことを科学者が証明したら、人種や宗教、民族や社会経済の違いなど、どうでもよくなりはしないか？　水に関してグローバルな破局が迫りつつあり、誰も助かる見込みがないとしたらどうか！

新しいモデル——利益追求型でも、世銀の融資によるものでもない——のもとで国際社会が団結するほかない。水のコモンズ、水のスチュワードシップ、水の平等性、水の普遍性、水の平和に関する価値観を受け入れる必要がある。これを支持する先例もあり、そのなかには国連主催の国際会議で過去一〇年間に提示された三つの原則も含まれる。それらの原則こそ、私たちがこれから水をどう使うべきかを考える根拠となるものである。

- 「有限で統合された領土権の原則」——他国の利益を損ねないことを前提として、どの国も自国の領土内の水を利用する権利をもつ。
- 「利益共同体の原則」——協力に基づく統合管理ができるよう、どの国も他国に相談せずには領土内の水を利用してはならない。
- 「公平で適正な利用の原則」——どの国も流域資源の所有者として、それを公平かつ適正に配分するために管理する権限を与えられ、それによって他国と共有する流域の水を利用する権利をもつ。

右の原則は有用だが、適切に対処されていない事柄がいくつかある。第一に、水紛争に関する国際協定および二国間協定は共有された水系をめぐるものがほとんどである。だが、国内の水では足りずに他国の国境内にある水を利用したがっている市民がますます増えている。そのため、この新しい動きに対応しうる原則が必要になる。

第二に、これらの原則に基づく協定は国家間でとりかわすものであり、国家でなければ処理できない協定に基づいている。だが、民間が水の権利や配分をコントロールしている国がしだいに増えている。水を商品化する動きは、国家の権限を企業のそれにかえてしまい、水に関する意思決定が主権国家の権限および管轄範囲の外でなされるかもしれない。

第三に、ＷＴＯや世銀のような貿易と金融の手助けをする国際機関は、その影響力を利用して、水にかかわる国連の決定をくつがえすことができる。それと対抗できる力をもつ機関が新たにできないかぎり、水と環境に関する、あるいは水と社会正義に関する国際協定は、グローバルな貿易と投資活動の利害によって無効にされてしまう。

水危機にうまく対処できたかどうか、いずれわかる日がくるだろう。うまく対処できなければ何百万もの人が死に、ことによると地球が人の住める場所でなくなるかもしれない。その脅威の本質を理解するだけでなく、それを克服できたときに生じうるグローバルな調和の可能性を見きわめることができれば、淡水を探し求めることを通じて、多くの人が実現可能だと信じてきた世界平和に近づけることだろう。

十の原則

減少しつつある水資源を保存してこれ以上の争いごとを回避するには、戦争のあとで再建に着手したときのように、政府と地域社会が協力しあわなければならない。だが、これにとりかかる前に、行動の支えとなる原則や価値観について合意に達する必要がある。回復に向けての対話の出発点として、十の原則を紹介しよう。

一、水は地球と全生物種のものである。
二、水はできるだけ元の場所から動かさない。
三、つねに水の保全を心がける。
四、汚染された水の再生をはかる。
五、自然の集水域こそ、水を最もよく守ってくれる。
六、水は政府のあらゆるレベルで保護すべき公共信託財である。
七、クリーンな水へのアクセスは基本的人権である。
八、地域社会と住民こそ、水の最良の保護者である。
九、一般市民と政府は対等のパートナーとして水の保護にあたらなければならない。

十、経済のグローバル化政策によって水の持続可能性が確保されることはない。

一、**水は地球と全生物種のものである。**

水がなければ、人間をはじめ生物は死に絶え、地球システムも成り立たない。しかし、現代社会は、精神の領域および生命サイクルにおいて、水が重要な位置を占めていて神聖不可侵であることに敬意を払わなくなってしまった。だから、水を大切にしないのだ。私たちは人間が宇宙の中心だとしだいに考えるようになって、政策立案者は水が地球と全生物種と未来の世代のものでもある事実を考えに入れなくなってきた。こうした利害関係者を無視してその利益まで考えなかったのだ。すぐれた才能をもち高い業績を上げてきたとはいうものの、私たち人類は、他の生物種と同じ理由から水を必要とする、動物種の一つなのである。だが、他の生物種とは違い、人間だけが全生物種の依存する生態系を破壊する力をもっていて、私たちがたどっているのはその破壊的な道なのだ。水と私たちとの関係を再定義し、水は自然界に欠かせない神聖なものであるとの認識に立たないかぎり、誤りを正すことはできない。私たちの決定が生態系におよぼす影響を考慮しないかぎり、枯渇した水系を補充し、まだ無傷のものを保護することはできない。

二、**水はできるだけ元の場所から動かさない。**

自然はあるべき場所に水をおいた。集水域から大量の水を移動させるなどして自然をいじれば、そこだけでなく遠くの生態系も破壊される。湖沼や河川から大量の水を取れば、周囲の土地ばかりか、川が海に注ぐ沿岸の環境にも悪影響がおよぶ。分水と健全な水域の破壊はともに地域経済を破壊し、そこで生計を立てている人たちの暮らしを脅かす。

危機のさいには水（と食糧）を分かちあう義務はたしかにあるだろうが、それは長期的に望ましい解決策ではない。他の国や地域に依存すれば立場が不安定になるからだ。近代的な輸送システムと科学技術によるものでも、遠方からの水の輸入は費用効率が高いわけでも、確実なわけでもない。ダム建設・分水・タンカー輸送が、環境に与える損害を計算すれば、水のグローバルな貿易は引き合わないとわかるはずだ。この基本的な必需品の輸入は、どちらにとっても好ましくない依存関係をつくってしまうのである。だから、そうするかわりに水の限界を知り、その範囲内で暮らすべきだし、自然界に占める水の位置を尊重しつつ需要を満たす方法を地元と地域社会および家庭に見出すべきだ。

三、つねに水の保全を心がける。

どの世代も、自分たちの活動によって水が質量ともに減少しないように心がけるべきだ。これは生活習慣を根本的に変えることを意味する。特に節水が大切であり、豊かな国に住んでいる人びとは水の消費パターンを変える必要がある。水の豊富なバイオリージョン（生物圏）に住む人はなおさらだ。生活習慣を変えず、水を分かちあうことに対して同意しなければ――環境および倫理的にもっともな理由があっても――当然、問題になる。

生活習慣を変え、取水量が補充量を超えなければ、持続可能な地下水を維持できるかもしれない。都市や農企業に使われる水の一部は、自然や中小規模の農業経営者に戻さなければならないだろう。だから、水浪費型の企業慣行や産業型農業への政府の補助金は廃止すべきなのだ。水の乱用への助成をやめて、水の保全を奨励することによって、政府は、無駄にできる水はないというメッセージを発信することになるだろう。

広大な水系を中心に保全を考え、各国政府はそのグローバルな到達目標について合意しなければならない。計画中の主要なダムや分水は、よりよい解決策を探しつつ保留にし、すでに流路を変えられた川は季節的に変化する、もとの自然な流れに戻されることになる。各国政府は老朽化や破損が認められる上水道インフラの改善を優先すべきだ。漏水によって毎年大量の水が失われているし、古くなった水道管には病原菌をもつ微生物が生じるからだ。

四、汚染された水の再生をはかる。

人類がこぞって世界の水を汚染してきたのだから、それを元に戻す責任は私たち全員にある。水の不足と汚染の原因は、過剰消費と非効率的な水の利用を奨励した経済的価値観にある。そのために帯水層は枯渇しかけ、いずれ私たちの健康と生命が危険にさらされるのだ。汚染された水の再生は自己保存行為である。私たち、そして全生物種の生存は、自然の摂理に従って機能する生態系の回復にかかっている。

政府のあらゆるレベルと地域社会は汚染された水系を浄化し、ウェットランドや集水域を軽率にまた見境なく破壊するのをやめなければならない。より厳しい法律を施行して、農業、自治体の排水、産業汚染物質による水の汚染を規制する必要もある。政府はまた、国境を越えた採掘事業や森林開発に対する厳しい規制を復活させるべきだ。これらを野放しにしたことが、水系を害したのである。

水危機は森林皆伐や人間が引き起こした気候変動などの環境問題抜きには考えられない。皆伐による水路の破壊は魚類の生息域に害をおよぼしている。気候変動はさらに極端な天候をもたらす。洪水の水位は高くなり、嵐は激しさを増し、旱魃は長びくだろうから、いまある淡水への負担はさらに大きくなるだろう。これほどダメージを受けた水を回復させるには、世界の国々が手を結び、気候に影響している人間活動の衝撃を弱めなければならない。

五、自然の集水域こそ、水を最もよく守ってくれる。

将来にわたって私たちが水に困らない世界で暮らすには、自然にできた「バイオリージョン」である、集水域の境界内での生活を基本に考える必要がある。こうした集水域の地表水と地下水の状況は、その地域の水文条件下にある動植物を含むすべての生きものに影響をおよぼしている。地域の生態的な制約のなかで生きることは、バイオリージョナリズム（生物圏主義）と呼ばれ、集水域はそうした取り組みの出発点にふさわしいのだ。

集水域単位で考えた場合の別の利点は、水が国境に関係なく流れていることである。だから、集水域による管理ができれば、長いこと世界の水政策の足を引っ張ってきた、国際・国内・地域・部族レベルの政治の行き詰まりを打開する一つの方法となる。政治的あるいは官僚的な境界ではなく集水域単位で考えれば、環境保護や意思決定にもっと協力して取り組めるだろう。

六、水は政府のあらゆるレベルで保護すべき公共信託財である。

水は、空気のように地球と全生物種のためのものだから、他者の犠牲のもとにそれを利用する、あるいはそれから利益を得る権利は誰にもない。公共信託財である水は、世界中の地域社会によって守られなければならない。これは、大量の水を私有化あるいは商品化したり、取引または商業目的で輸出してはならないことを意味する。行き過ぎた商業化を招かないために、各国政府はただちに行動を起こし、領土内の水は公共財であると宣言し、それを保護するための法律を制定すべきだ。水は、既存もしくは将来の国際間ないし二国間における貿易および投資協定から除外されるべきであり、政府は大規模な水プロジェクトの商業取引を禁止しなければならない。

政府は水の遺産を保護することにひどく失敗してきたが、この事態を改善できるのは民主的に管理された団体だけである。水が民間の扱う商品として明確に位置づけられることになれば、すべてが利益原理に基づいて決められるので、個々の市民は水の使い方についての発言権を失うことになる。

各レベルの行政には、公共信託財としての水を保護する義務がある。都市のレベルでは、都会の需要を満たすために農村地域の流れを変えるべきではない。市町村あるいは地域レベルでは、集水域協力体制をとって大きな河川や湖沼の水系を守るべきだ。国の内外を対象とする立法措置を講じて国際企業を法の支配下におき、企業による水の乱用もやめさせる。民間に対して適切に課税して、インフラ整備の費用をまかなう必要もある。独立した法制度をなす区域がそれぞれ協力して、水生自然保護区の対象を選ぶことにもなる。

七、クリーンな水へのアクセスは基本的人権である。

クリーンな水と健康に欠かせない衛生設備を利用する権利は、住んでいる場所にかかわりなくすべての人にある。この権利を守るには、上下水道事業を公共セクターにとどめ、水資源の保護を法制化し、水を有効に利用することが肝要だ。こうする以外、水不足の地域にクリーンな水を充分に確保することはできない。

先住民が受け継いできた土地（水も含む）に対する固有の権利も忘れてはならない。これは彼らの特別区域の土地と水の使用権および所有権であり、彼らの古来からの社会制度および法制度に基づいているのだ。各国政府は先住民に民族自決権を認めて、それを成文化すべきであり、これらの権利を保護する上で何よりも重要なのが水の主権なのである。

各国政府は「地元資源第一主義」を政策として、淡水に対して全市民がもっている基本的な権利を守る必要がある。すべての国と地域社会は地元の水資源を保護することはもちろん、不足して他の地域に水を求めずに、地元で別の水源を探すよう法律で義務づけるのである。そうなれば、集水域間の水の移動による環境破壊は、かなり阻止できるだろう。「地元資源第一主義」は「住民と地元小規模農家第一主義」の原則をともなう。巨大多国籍企業を含めた農企業などが、「地元第一主義」政策に合わせることができなければ、企業活動をやめさせるのである。

だからといって、水を「無料」にするべきだとか、誰でも無制限に利用していいということにはならない。だが、基本的に必要な水を全人類のために保障できる水の価格づけ政策が考えられれば、節水にも役立ち、利用するすべての者の権利を守ることにもなる。水の価格づけと「環境税」(政府の税収を増やし、公害と資源消費を抑制する効果がある)が実施されれば、農企業などの産業が個人より多く負担すべきであり、それによって得られた財源を使って生活に必要な水をすべての人に供給できるだろう。

八、地域社会と住民こそ、水の最良の保護者である。

水の安全保障を最高に実現できるのは、地域社会によるスチュワードシップ（資源管理）である。科学技術にいくら金をかけてもそれはできないし、民間企業や政府でも無理なのだ。また、民営化、公害、取水や分水などが地域社会におよぼす累積的影響を本当に理解しているのは地元住民だけである。大企業による水源の買収や遠方の利用者向けの分水のために失業したり、付近の農家が立ち行かなくなるなどの影響が出るのを知っているのも地元住民だけだ。住民と地域社会は彼らの生命と生活がかかっている河川や湖沼、地下水系の最前線で活躍する「番人」なのだ。彼らに政治的な力が与えられなければ、スチュワードシップを効果的に生かすことはできない。

成功する再生プロジェクトは環境保護組織によって触発されたものが多く、それには政府の各レベルが関与しているし、ときには一般からの寄付もある。だが水ストレスと水不足の解決策を持続可能で手の届く公平なものにするためには、それを地域社会に根ざしたものとしなければならない。地域社会の常識と生きた経験に従うものでなければ、持続しないからだ。

水に恵まれない地域では、水を共有する制度や雨水を集めるウォーター・ハーベスティングなど、先住民の伝統的な手法を復活させようとする動きが出てきた。地域によっては、住民が配水設備に対して全責任を負い、水の利用者の寄付による基金を設けている。その基金で地域社会全体に水を供給しているのだ。こういう方法を世界の他の水不足地域でも用いるべきだ。

九、一般市民と政府は対等のパートナーとして水の保護にあたらなければならない。

将来にわたって水の安全を守っていくための基本原則は、政府と対等のパートナーとして一般市民に水政策に関する意見を聞き、政策の立案にかかわらせることにある。長い間、政府と、世銀やＯＥＣＤのような国際的な経済機関と貿易官僚は、大企業の言いなりになってきた。会議への出席は認められたにしても、ＮＧＯと環境保護団体はいつも相手にされなかった。多額の政治献金をしている企業には水利権が与えられる。政府は企業のロビー団体が起草した協定や条約を採択してきた。それが、どの国でも政府の権威を失墜させたのだ。

水政策の決定にさいし、市民と労働者および環境保護団体の代表を対等の参加者として、彼らをこの資源の本当の相続人かつ保護者として認める措置を講じなければならない。

十、経済のグローバル化政策によって水の持続可能性が確保されることはない。

経済のグローバル化には、限界のない成長と拡大しつづける国際貿易が必須条件なのだが、こうした価値観のもとでは水不足問題を解決することはできない。最も強くて非情な者が報いられる経済のグローバル化では、水の安全を将来にわたり守っていくために不可欠な、地域の民主勢力が締めだされてしまう。水を守るためにそれぞれの集水域内で生活する原則を受け入れるなら、世界を均一な消費者市場と見なす行為をやめるほかない。

経済のグローバル化によって可能になる資本の容易な移動と地域資源の強奪は、地域社会を弱体化させる。さらに、自由化された貿易と投資は、自国の環境や水資源の許容力を超えた生活をある国に可能にする一方で、他の国には輸出用作物の生産のために水資源を乱用させているのだ。豊かな国々では、砂漠のなかに都市や農企業などの産業が次々に生まれている。環境を破壊しない水の持続的供給をめざす社会では、こうしたことは非難されるだろう。

持続可能性をグローバルに達成するには、地域的な自給自足をうながす以外に道はない。地域の集水域系に根ざした経済の構築は、健全な環境保護政策と人間の生産力を統合すると同時に水を保護する唯一の方法なのだ。

世界の水の供給量は減少しつつあり、乏しい供給量から多大な利益を得ようとして多国籍企業は努力しているが、この状況を変えることはできる。水への普遍的で公平なアクセスは決して不可能ではない。共有財産である水に利益を目的として近づく者から水を守ることはできる。町にボトル詰めの水を扱う会社がやってきて帯水層を枯渇させ、利益を手にして立ち去るのを、市民が傍観する必要はない。水道事業の民営化を傍観しなければいけないこともないのだ。水を大量に消費する民間企業の影響を受ける人たちが、自分たちの力で集水域を破壊から守り、配水システムの乗っ取りを防げばいい。有権者の生命がかかっているというのに、政府は水の保護にはあまり乗り気でないようだ。だから、水の調達と配分の方法を変え、次の世代のために生命の源であるこの資源を守る役目は、ＮＧＯと市民団体の双肩にかかっているのである。

第一〇章　前進するために——普通の人びとがいかに地球の水を救えるか

事は成就した！　わたしはアルファであり、オメガである。最初であり、最後である。わたしは、渇く者には、生命の水の泉から、価なしに飲ませる。

——ヨハネ黙示録二一章六節

森と土地は誰のもの？
　われわれのもの、われわれのものだ。
燃料の薪は誰のもの？
　われわれのもの、われわれのものだ。
花と草は誰のもの？
　われわれのもの、われわれのものだ。
家畜の牛は誰のもの？
　われわれのもの、われわれのものだ。
竹林は誰のもの？
　われわれのもの、われわれのものだ。

——「ナルマダを救う運動」の歌

近年、社会のオピニオンリーダーや教育者、環境保護活動家、労働者、貧困と戦う人権活動家、貧しい国の債務帳消しを提唱する人びとなどによる国際的な運動が活発になり、人間や環境の問題を再び政治および経済の課題として取り上げようとしている。こうした運動のメンバーは連携を強化し、自国だけでなく世界中の政府の政策を変え、世界銀行などグローバルな金融機関や世界貿易機関の指導によって交わされた国際貿易協定の解体ないし改革を求めている。各国政府は民主主義の原則を守りながら、新しい国際的な社会契約、環境契約をつくりだそうと模索している。それは水を枯渇させてしまいかねないグローバル経済から自国の市民を保護するために必要なのである。

その目的に向かって、私たちはすでに一歩を踏みだしている。二〇〇一年七月、太平洋を見はるかすブリティッシュ・コロンビア大学の美しいキャンパスに、世界三五ヵ国から八〇〇人以上が集まり、水の商品化に対するグローバルな戦いを強化するため、最初の国際的な市民会議に参加した。市民の権利擁護団体であるカナダ人評議会が主催した保全と人権フォーラム「人と自然のための水」では、活動家や専門家が政府と国連および世銀とは関係なく、初めて一堂に会して共通の体験や考え方、計画について話し合う機会をもった。

この会議では、多くのパネリストがスピーチした。公務員グループは自国の水道の民営化を阻止した話をし、科学者は専門知識を披露し地域グループと協力すると誓い、環境保護論者は気候変動や皆伐などの環境問題と世界の水危機との関連を説明し、人権専門家は水の戦いにおける平等を呼びかけ、クリーンな飲料水がないために世界で多くの市民が死んでいることに人びとの注意をうながした。ウルグアイの広大な水の豊富な土地を買い占めようとしている外資系の大企業と戦う零細農家の話や、南アフリカの自治体職員が憲法で保障されている水の権利を手に入れようとして戦っている話など、力強い体験談もあった。

このフォーラムで開かれた二つの分科会が特に意義深かった。青年分科会には、世界中からたがいに支えあえる数百人の若者が出席し、各自がキャンパスや町のネットワークにこの運動をもち帰った。「ブリティッシュ・コロンビア・インテリア・アライアンス」のアーサー・マニュエルが率いる先住民分科会に参加した世界中の先住民もともに協力して共通の戦略をねり、先祖伝来の水の権利を守ろうとしている。この分科会が承認した先住民による「水宣言」は現在、世界中に伝えられている。

キミー・ペルニア・ドミコに関する証言を聞くのはつらい瞬間となった。キミーは会議に参加するはずだった。だが、二〇〇一年六月二日、コロンビア政府とのつながりが指摘される準軍事組織に誘拐され、なお「行方不明」とされているが死亡したとも考えられるのだ。参加者はフォーラムをキミーに捧げ、土地とクリーンな水、人間の基本的権利のために大きな犠牲を払った彼女のような人びとを偲んだ。そのような基本的な権利は当然とされておかしくないのだが、世界にはこれらと無縁な人びとが大勢いるのだ。

水危機の問題に取り組んでいる団体や組織が世界各地にあることはたちまち明らかになった。

リッカルド・ペトレッラは、水の国際的な保護運動を呼びかけるヨーロッパの有識者を代表して、「世界水契約」について自身の夢を語った。ワシントンに拠点をおく「パブリックシティズン／すべての者に水を」プロジェクトも全員一致で承認された。「地球の友インターナショナル」と「国際河川ネットワーク」はこの新しい運動を支えると誓い、第三世界諸国と北の先進諸国の市民は、同盟して共通の政治戦略を策定する約束をした。

フォーラムの終わりに、参加者全員で、「コモンズ（共有財産）」としての水を守ることを呼びかけ、世界の水を守るために国際的な市民運動「ブルー・プラネット・プロジェクト」を発足させた。

ブルー・プラネット・プロジェクトは、改めて水をコモンズと位置づけ、水への普遍的なアクセスを主張することに焦点を当てているが、この運動が水不足関連の重要な環境問題に取り組む必要があることは明白だ。実際、水の保全と水の公平性は水の安全保障の基礎となり、市民たちの間に芽生えた水の安全保障運動の起点となるのである。

水の保全

世界の水危機は憂慮すべき状況にあり、軽視することはできない。多くの国と市民が努力を傾けなければ、将来にわたって水の安全保障を支える政策は実行できない。だが解決策はある。多くの地域グループ、農場主、科学者、環境保護論者が有効な選択案の作成に取り組んでいるのだ。

水の安全を確保するために何よりも重要なのは、世界の淡水資源の保全と汚染された水系の再生利用である。それには水の安全保障に取り組んでいる人たちの発想の転換が必要だ。つまり、水を勝手に使えないことに人間が気づくほかないのである。利用できる範囲で水のニーズを満たせるように、これまでの利用法を変えていく必要がある。「世界水政策プロジェクト」のサンドラ・ポステルが言うように、人類は早急に水の生産性を倍加させなければならない。つまり、河川や湖沼や帯水層から取った水を二倍に役立てなければ、今後の数十年間に世界人口が八〇億人か九〇億人になったとき、全員に水が供給できなくなるのだ。今日、知られている科学技術を用いれば、五〇パーセントの農業用水、九〇パーセントの工業用水、都市用水の三分の一をそれぞれ削減でき、経済産出量や生活の質を落とすこともない。

北米人の多くは、年に約五〇万リットルの水を使用しており、その半分は洗車に使われたり、蛇口の水漏れで無駄になったりしている。だが、人間が生きていくには、年間一万リットルもあれば充分である。カナダのトロント市だけで、毎日六六〇〇万回もトイレで水が流され、カリフォルニア州の住民はプールを五六万個も所有している。こんな無駄をなくしインフラを改善すれば世界中で大量の淡水を節約できる。

アメリカでは、一九九四年以後に販売された家庭用トイレのすべてを、効率の高い節水型とすることが法律で義務づけられ、都市で流されるトイレの水が七〇パーセントも減少した。世界の多くの都市では、水道管の水漏れ修理、都市の灌漑用水としての処理ずみ廃水の再利用、水の浪費に対する罰金によって二五パーセント近くも節水に成功した。ドイツでは、公害対策法に応えて、一九七〇年代に始まったドイツ西部の産業用水の再利用による節水が成功して、工場の数が大幅に増加したのに、産業用水の利用量はこの二〇年間、横這い状態にある。アメリカの製鋼所は、かつて鋼鉄一トン当たりの生産に二八〇トンの水を使用していたが、現在は再利用以外の水は一四トンしか使っていない。産業活動による広範囲な汚染の例が多いなか、これは朗報と言える。ドイツやアメリカのこのような法律が、鉱業やハイテクなどの産業にも公害と水の浪費を規制するために必要である。

環境アナリストは、農業用水の節約をうながすのに役立つ科学技術や農法があることを立証してきた。乾燥地帯における環境を破壊する灌漑農法への多額な補助はやめさせるべきだ。そうすれば土壌中に水が充分にある場所でのみ水集約的な作物を生産するようになるなど、よりよい農法が推進される。工場式農業が水や動物や人間に害をなす証拠はたくさんあって、論議の余地がない。だから工場式農業を禁止するか厳しく規制するように法を整備することが急務だ。農薬、除草剤、抗生物質、硝酸塩、化学肥料の使用をあらゆるレベルで禁止もしくは規制する法律も必要だ。

世界各地で見られる効率の悪い灌漑システムからの大量の漏水は、よりよい経営方法や農法だけでなく、より効率的な新技術によって容易かつ劇的に改善できる。畝間灌漑のかわりに点滴灌漑を用いれば、個々の植物の根に直接給水されて蒸発が防げる。しかも塩類集積の抑制効果もあるほか、水とエネルギーも節約できるのだ。点滴灌漑の水利用効率は九五パーセントで、ほとんどの水が直接植物に与えられる。従来の灌漑方法では引水量の八〇パーセントが蒸発や流出で失われていた。点滴灌漑技術が使用されている灌漑農地は一パーセントにすぎないが、この分野での潜在的な節水能力は大きいのである。

第三世界の零細農家や貧しい農民にとって、点滴灌漑などの手軽な技術は、狭い土地でも利用できる公平でかつ持続可能な唯一の配水方法である。だから、農場主自身が管理する小規模農場は、水の持続的利用が可能な食糧生産モデルとして期待されるのである。屋根や山の斜面を利用したウォーター・ハーベスティングなどの伝統的な集水技術も、西欧諸国が導入した科学技術に優っていることがわかった。

農法の選択を支援することと並行して、大規模ダムの建設や分水を拒否しなければならない。かつて海へ注いでいた川を元通りにし、集水域を肥沃にして水生生物の生息域をつくり、淡水と海水がまじる豊かな産卵場を守る必要がある。経済、環境の両面で行き詰まっているダムをこれ以上建設しなければ、自然界が力をかしてくれるだろう。

同じく水系全体について環境面のニーズに目を向けることで、水不足への答が見つかることもわかった。インド中部では、旱魃に見舞われた地域の土壌水分保全に基づく集水域計画が実施されて、農作物の生産量が増加し、飢餓が緩和された。世界には国連が生物圏保護区に指定している地域がいくつかある。生物圏保護区の特徴は、地域および国際レベルの協力を推進しながら、自然の保護と人間の発展に総合的に取り組むことにある。たとえば、地球の友インターナショナルなどのNGOは、死海地溝帯を世界遺産と生物圏保護区に指定し、死海そのものを保護するよう訴えている。

供給される水の量より四倍の速度で人口が増加している南アフリカでは、政府がバイオリージョン（生物圏）計画の実験に着手し、水の再生を地元民の雇用のニーズと結びつけようとしている。南アの水の供給は絶望的な状況にあり、一人当たりの利用可能な淡水量は一九六〇年の半分しかなく、今後五〇年間に半分の河川が干上がるとされている。この現実を招いた原因はいくつかあるが、水が枯渇した主な原因の一つは人為的なものである。南アに上陸した初期のヨーロッパ人入植者は、祖国の木々や公園を偲び、樹木の種子を蒔いた。まもなく、水を大量に消費する松やユーカリが少しの水しか使わない地元の植物にとって代わり、河川が枯渇するようになった。「水のために働く」と呼ばれる国家的な二〇ヵ年プロジェクトにより、現在四万人の南アフリカ人が森林や草原から侵入種を除去している。彼らの多くは失業率の高い地元の貧しい地域社会に住む人たちだ。環境と淡水の再生という仕事に従事している彼らは、敬意を払って用心深く扱えば、人間と自然が共存できることの生き証人なのである。

敬意をもって自然に対することを、水を救うためのグローバルな運動の中心的な目標にすべきだ。淡水系は、周辺生息域が皆伐やウェットランドの破壊、無秩序な都市化によって荒廃すれば存続できなくなる。

最後に、自然の基本法則を忘れてはならない。地下水を自然の補充率を上回る速度で取水しつづけることはできない。このまま取水しつづければ、子供たちの水がなくなる。自然界の法則は正直だ。取水量は補充量を上回ってはならないのだ。どこにどれくらい地下水があるかについて知ろうともしない政府があまりにも多く、それを保護する政策の立案はほとんどなされない。地下水に関するデータが必要である。それは不可能なほど高度な計算ではないはずだ。浴槽の水だって、栓を抜いて注ぎ足さなければ一滴もなくなるのと同じなのである。

水の公平な分配

世界は先ごろ、一九四八年に採択された国連の「世界人権宣言」五〇周年を祝った。「経済、社会的および文化的権利に関する国際規約」と「市民的および政治的権利に関する国際規約」と並んで二一世紀のマグナカルタとされているのが世界人権宣言である。人種、宗教、性別などとは関係なく、地球上のすべての人間に完全な権利を保障するのはもちろん、この宣言には市民の権利（すべての市民がそれぞれの政府に要求できるサービスや社会的保護）も含まれているのだ。

これには働く権利、質のよい住居、医療などが含まれるほか、家族への社会保障、健康、福祉も市民は要求できるのだ。また、二つの国際規約は世界人権宣言に述べられている人権および民主的権利を保護し促進する道徳的、法的義務を政府に負わせていて、そのための実行手段も規約に含まれている。この宣言に定められた個々の市民の権利と責任は、両規約に定められた国民国家の集団的権利および責任とともに、現代世界の民主主義の礎石である。

だが、採択されて半世紀が経過したいま、クリーンな水にアクセスできない人もいる。このことは両規約で保障されている基本的な権利の一つが、一〇億人以上の人間に認められていないことを意味する。この五〇年間に、資本家の権利は飛躍的に拡大し、世界の貧しい人びとの権利が政治地図から消え失せた。水系の枯渇と汚染が、多国籍企業とグローバルな金融システムの力の拡大と同時に生じているのは偶然ではない。後者によって、地域共同体と先住民および零細農家の権利は奪われた。

市民が水の安全保障運動をする場合、基本的な水の権利を全員に保障することを重点とすべきだ。政府は、水を保護し人間の基本的権利として、全市民に供給する責任を自覚する必要がある。水の浪費を防ぐために価格づけが必要なら、それは公的システムによってなされるべきで、その収益は株主や企業のCEOではなく、水の再生利用とインフラ整備、普遍的なアクセスに振り向けなければならない。大量の水を消費する商業および産業の利用者に対しては重税を課し、それを消費者に転嫁することは禁止する。企業だろうが地域社会だろうが、乱用するために水を買うことは許されない。莫大な水をプールや巨大な噴水、ショーに使っているラスベガスのような都市が、現状のまま利益目的で水資源を浪費することは許されない。

グローバルな水の安全保障運動が公平な水の分配をその主目標に据えるべきであるように、水道を公共事業にとどめておく必要がある。すでに民間の手に渡ったものや、地域共同体が民間と手を組むことを望む場合は、厳しいガイドラインを設けて公衆衛生や適正な労働条件、公平な水の分配を守らせるべきだ。以下のようなガイドラインが必要である。

民間会社は地域生態系の基本的ニーズはもとより、地域社会の全住民に基本的な水道サービスを無償で保障しなければならない。水道料は公平で透明性のあるものとし、節水の誘因となるべきだ（浪費する者にはより高い料金を設定する）。政府は水源やインフラの公的所有権を設定し、公的機関だけが水質を監視し水質基準を定められるようにする。最後に、契約のさい、地元の地域社会が参加および監視できるようにすべきだ。

いずれも厳しい要求なので、現在のグローバルな水企業の多くにとって抑制力として働くだろう。倫理的な水道経営をうながす効果もあり、これは他の部門にも適用できるのである。

水の安全保障のための十ヵ条

グローバルな淡水危機に対し、幅広い環境および人的対策で武装したいま、水の国際的な安全保障運動を推進して水を商業的開発から守るときがきた。以下に示すガイドラインは、私たちの乏しい水資源を保全し、環境に好ましい公平な方法で水を分配するためのものである。

一、「水のライフライン憲法」を普及させる。
二、地域の「水共同管理評議会」を設立する。
三、「水資源国家保護法」のために戦う。
四、水の商業取引に反対する。
五、脱ダム運動を支持する。
六、ＩＭＦと世界銀行に立ち向かう。
七、水道王と対決する。
八、グローバルな公平性を呼びかける。
九、「水コモンズ決議案」を推進する。
十、「世界水条約」を支持する。

一、「水のライフライン憲法」を普及させる。

水は人間と環境のグローバルな財産であり、すべての地域共同体が必要を満たすためにこの資源を利用する権利をもつ。だから市民団体がまず手をつけるべき仕事は、水を公共信託財と宣言することであり、選出されたリーダーは水を財産として守りつづけなければならない。水の管理は市民社会と政府の各レベルの共同責任とする。

地球上のすべての人間に「水のライフライン」を保障すべきである。一日最低二五リットルの無償のクリーンな水を、奪うことのできない政治的社会的権利として与える。これを国内法と国際法で保障し、そのために三つの対策を講じる。水の保護を厳しく実施し（法律で強制）、水の過剰な利用から利益を得ている者に課税し（水を大量に消費する農企業、採掘業、ハイテク企業など）、浪費や水の使い過ぎには程度に応じて価格づけをする。

二、地域の「水共同管理評議会」を設立する。

水の最良の保護者は地域社会と市民である。水を危険にさらす行為は、地域レベルで監視し実感できるからだ。だから、彼らが政府と対等のパートナーとして地域水系の管理にあたるのが好ましい。地域社会は、選出された市民と地方自治体水道局とが共同管理する体制を確立し、適切な水管理の慣行を監督する義務を負う。地域の「水共同管理評議会」の役割は、給水の監視と保護、農耕法の監視、産業汚染の報告である。集水域の共同管理システムを監視して「地元民と地元小農家第一主義」を重視する利用方法を進めるのだ。そうすれば、地元社会に土地の水への優先権が与えられる。評議会は水の共同管理政策の研究を公的資金によって援助し、地元先住民に協力して彼らの土地にある水に対する自治を支援できる。

何にもまして重要なのは、市民団体が地元の水道事業の民営化に反対し、国際公務労連（P

ＳＩ）が、「官官パートナーシップ（ＰＵＰＳ）」と呼ぶ既存の公共セクター供給者（地方自治体、政府支援組織、公共セクター連合など）と、融資やリストラの必要な公共水道事業との提携を支持する主張ができることだ。ＰＵＰＳは水道事業のリストラを民間会社にまかせるＰＰＰ（官民パートナーシップ）と交代する。地域の水共同管理評議会は、取引の透明性や説明責任を保障し、ＰＵＰＳによる公平な配水を可能にする。公的管理権がつねに維持されるように、地方政府と民間が交わす契約も監視できる。

三、「**水資源国家保護法**」のために戦う。

水の安全保障運動には、淡水資源を保護し全市民に水を確保するための国家の厳しい法律と規制を要求する権利がある。各国の水資源国家保護法は以下の問題に対処すべきだ。

・水のライフライン憲法——全市民にクリーンな水と衛生サービスへのアクセスを保障する（第一条を参照）。

・水の価格づけ——公平性、普遍性、農企業と産業へのより高い水道料、水の乱用に対する制裁措置など、厳しい条件を課すことを含む。

・公共の水道事業への支持——自治体水道事業の管理権を民間へ渡すことに対する法律や上下水道サービスの供給にかかわっている民間セクターに厳しい条件を課すことなど。

・水の保全——広大な水系の保護など。集水域の管理支援、集水域を保護するための規制の枠組みづくりの必要性が含まれる。

・節水――産業や農業、都市の節水目標や決められた時間枠内でのインフラの全面的な改修計画など。

・水の再生利用――汚染された河川系やウェットランドの浄化のほか、それに関連する皆伐、地球温暖化の原因となる活動、工場式農場などの問題に対しては政府の厳しい措置が必要である。

・水の利害関係者――水生生物種や未来世代など、他の利害関係者への配慮。人間以外の生物種、生態系、人間の未来のニーズへの影響を充分に考えた上でなければ水の利用方法を決定してはならない。

・飲料水の検査と水質基準――全国的な水質安全基準を制定する連邦法など。

・産業と農企業用の水質基準――政府はあらゆるレベルで産業廃棄物投棄、農薬使用、有害物質の水路や埋立地への投棄ないし排出に対する厳しい法律の制定と施行に固い決意をもって取り組まなければならない。

・水にやさしい技術――太陽エネルギーのような代替エネルギー源や、ダム、分水、水力発電所のような巨大エネルギー・プロジェクトへの代替など。

・ボトル詰めの水の制限――取水制限、環境基準の制定、企業の取水に対する高い料金設定、地域の雇用創出につながる地元のボトリング会社の優遇利用など。

四、水の商業取引に反対する。

市民による水の安全保障運動は、水の商業取引に断固として反対しなければならない。この産業はまだ初期の段階にあり、市民の強固な反対や法律で食い止めることもできるだろう。政府は法律を制定し、タンカーやウォーターバッグ、分水による大量の水の商業輸出を禁止すべきだ。その法律は従来からある農家と地域社会間の小規模な水の融通には適用されない。適用されるのは、大企業による大規模な水の商業取引だけである。

政府はまた急成長しているボトル詰めの水を扱う企業に厳しい条件を課すべきだ。政府の役目は、公的に供給される安全な飲料水を確保することであり、それにより市民はボトル詰めの高価な水を買わずにすむ。地元の水をボトリング企業に売ることは農家や地域共同体の権利を奪うことに通じるので、厳しく規制もしくは禁止しなければならない。

市民団体はまた、危機にさいしては水を共有化する問題に取り組み、この問題に関する公的な論議と話し合いを奨励すべきだ。水の大量分水が生態系におよぼす影響について研究し、緊急時に生態系の健全性を脅かさずに集水域からどれくらいの水を移転できるかを決めておく必要がある。

物品やサービス、投資物件としての水は、既存のすべての自由貿易協定から除外されなければならない。それには世界貿易機関（ＷＴＯ）、北米自由貿易協定（ＮＡＦＴＡ）、国家間の二国間投資協定（ＢＩＴ）が含まれる。サービスの貿易に関する一般協定（ＧＡＴＳ）や米州自由貿易圏（ＦＴＡＡ）関係など、サービスに関する今後の交渉にも水を含めてはならない。水を擁護する市民団体は他のグループと協力してこうした協定の現行の権限に挑戦し、それが大幅に変更されないかぎり全面的に反対していかなければならない。

五、脱ダム運動を支持する。

　地球の淡水資源保護のための市民による社会運動では、ダム産業を民主的管理下におこうとして戦う国際河川ネットワークのようなグループを支援する必要がある。これは共通の事業、戦略および運動に共同で取り組むことを意味し、また、国際河川ネットワークのサンフランシスコ宣言――大型ダムや水資源管理に関する市民団体の立場（一九八八年）を承認することでもある。この宣言はダム建設に条件を課している。その条件としては、建設過程の透明化、環境にとってより健全な代替案の調査、環境、社会および経済アセスメント、拒否権をもつ地元住民への説明責任、立ち退き者に対する充分な補償、生態系保護、地域の食糧供給の保護、地域医療の保障、環境にかかわる社会的費用を経済予測に含めることがあげられている。これらの基本的な考えは二〇〇〇年の世界ダム委員会の報告書にも反映されたのである。

　一九九四年には、四四ヵ国の三二六のグループおよび連合が世界銀行の大型ダムへの融資の凍結を要求するマニベリ宣言を承認した。マニベリは、インドのナルマダ渓谷のマニベリ村住民の勇敢な抵抗運動にちなむ名称である。この宣言は、大型ダムへの融資を、以下の条件を満たすまで凍結するよう世銀に要求した。立ち退き補償のための基金設立、生活と人権を充分に保護できない場合には再定住を強制しないことの保障、現存するすべての大型ダムとその環境への影響と社会的費用を見積もること、世銀の全プロジェクトを地域が承認する包括的な河川流域の管理計画に統合する、全プロジェクトの独立した監視と監査を認める。

六、ＩＭＦと世界銀行に立ち向かう。

同様の予防的かつ制限的な措置を、ＩＭＦや世銀が融資する水道民営化プロジェクトに対しても講じる必要がある。現在、政府資金と支援組織および国連などの援助を受けたこれら機関が、水道民営化計画を多くの国で推進している。だから、市民団体による水の保護運動としては、これらの機関が各国で行っている水道事業民営化プロジェクトが完全に公の管理下におかれるような厳しい条件が整うまで、ＩＭＦと世銀が後援する水道民営化計画を一時停止するよう要求しなければならない。

アメリカの多くのＮＧＯグループは、全市民に水のライフラインを保障しない世銀とＩＭＦの水の民営化に対して、連邦予算を打ち切る法案を作成した。水道システムへの公的な助成金や消費者への補助金を廃止するプロジェクトの打ち切りも求めている。ＩＭＦと世銀への資金供給の権限を米連邦議会に与える法律の改正案を、ジャン・シャコウスキー下院議員が提出した。この改正案が通過すれば、クリーンな飲料水へのアクセスを貧しい人びとから奪ってきたＩＭＦと世銀の政策を、アメリカ政府は支援できなくなる。他の援助供与国でもこれに似た法律が制定できるはずだ。

ＩＭＦと世銀がかかわる民間関連の水道プロジェクトの監視を、これらの機関が怠らないように、いずれは厳しい条件が課せられるだろう。すでに述べた通り、そのような合意によって、地域の生態系のニーズを満たすだけでなく、無償の水道サービスの提供を全住民に保障するべきだろう。公平で透明な料金システムを採用する必要もある。水源の公的所有権を政府が保持または確立し、公的機関だけが水質の監視や水質基準法を施行できるようにするとともに、どのような契約にも地域共同体の参加や監視が認められるようにすべきだろう。

七、水道王と対決する。

明白なのは、国際的な水企業が国民国家の政策に影響力を振るっているうちは、この運動がうまくいっていないということだ。水道王が世界の淡水の民営化と商品化をめざそうとする場合、政府の関心をひき承認をとりつけるのは何ら難しいことではない。この強力なロビー活動に対抗するには、市民団体が手をつくさなければならない。利益目当ての企業が水源や水路に害をおよぼし、枯渇や破壊を招くのを防ぐ必要があるのだ。

そのためになすべきことの一つは調査研究である。企業が、政府、メディア、国連、ＷＴＯ、

IMF、世銀に対して振るっている影響力について、知るべきことはいくらでもある。

市民はまた、巨大水企業の地域での活動を制限および規制する地方法や国法制定を要求すべきだ。国連の規約に従えば、国民国家の政府には外国資本や多国籍企業を規制して、地域共同体の環境にかかわる社会的なニーズに対応させることができるだけでなく、そうする責任もあるのだ。また、企業に優先的に認められている水利用権や水道料の優遇措置も、法律で禁止すべきである。

多国籍企業を民主的に管理するための戦いは、グローバルな資本に法の支配を徹底させる、より大きな戦いの一部にしなければならない。水の問題に取り組む市民は、企業の「再認可」――社会は企業に事業を運営する権利を与え、よき企業市民としての責任をはたしていなければ、社会が認可を取り消すという以前の考えをもう一度確立する運動――を要求するグループと協力するとよい。

八、グローバルな公平性を呼びかける。

社会の不公平に対処しなければ水の公平性は考えられない。経済のグローバル化の例を見ても、成長に執着する経済のグローバル化は公正ではなく、持続可能な水の利用法でもない。だから、水を守ろうとする者は多くの地域でコモンズ（共有財産）を回復し、貧富の格差をなくそうとする団体や組織とともに活動するべきだ。それは反グローバル化運動と、この運動が取り組む新しい国際機関づくりに協力することを意味し、それにより公正な貿易ルール、公平性に基づく投資制度、強制力をもつ環境および人権協定を促進するのである。

水の安全保障運動にとってより重要なのは、環境保護をめざすグループと社会正義の実現に取り組む人びとをまとめることだ。さもないと、衝突は避けられない。環境保護論者のなかには、淡水の浪費をなくそうと努力する人びとがいて、貧しい者への影響を考えず、コスト回収のために一律の価格体系を求めている。これが環境保護論者と貧困撲滅をめざす人権擁護団体との間に深刻な対立を生む原因になりうるのだ。

水の安全保障運動は、先進工業国と非工業国との経済的な不均衡を、確実に解消できるようにすべきだ。地道に活動する団体と連携し、「構造調整プログラム（ＳＡＰｓ）」の廃止を求める必要がある。世銀やＩＭＦが押しつけたＳＡＰｓのために、第三世界の多くの国が公共医療サービスや公教育サービスを犠牲にせざるをえなくなった。「ジュビリー二〇〇〇」のような団体との協力も必要だ。この組織は五〇年ごとに土地を返還して債務を帳消しにする聖書の律法に基づいて設立された超宗派団体である。ジュビリー二〇〇〇や他の団体は、第三世界の抱える返済できない債務の帳消しを求めている。この債務があるため、基本的な衛生設備や水道事業に金を使えない国が多い。債務が帳消しになれば、経済を繁栄させる機会が生まれ、北の諸国から慈善の対象にされないですむだろう。

先進工業国の対外援助予算は、以前の水準（ＧＤＰの〇・七パーセント）に戻す必要がある。

近年、水資源の商品化を支持する北の強国の多くが、対外援助予算をかなり削減した。ハリファックス・イニシアチブなど、トービン税（投機に世界共通の税を課して、水道インフラや普遍的な水道サービスに充当する）の導入を求める運動とも協力すべきだ。

九、「水コモンズ決議案」を推進する。

二〇〇二年九月には、南アフリカ・ヨハネスブルク郊外の緑豊かなサントンで開催される「持続可能な開発のための世界サミット（リオ・プラステン）」に出席するため、多くの人びとが集まるだろう。ここは南アの水保全活動家にとって皮肉な場所である。サントンは第三世界で最も贅沢な郊外地区で、規模も大きく、南ア政府は訪問が予定される賓客のためにショッピングモール、高級レストラン、映画館を収容した豪華な複合施設を建設した。だが、大邸宅が並ぶサントンに隣接してアフリカ大陸で最も貧しい地区、アレクサンドラ・タウンシップがある。両地区の間を流れる川の汚染はひどく、岸にコレラを警告する標識がある。

この環境は、リオ・プラステンで予想される政治的な駆引きの痛切な背景になるだろう。大企業にそそのかされた世銀とWTO、財政難の政府と国連が、世界の環境問題の答を民間セクターに求めるよう圧力をかけると予想されるのだ。前回のリオ・サミットで打ちだされた目標が達成できなかったことを理由に、主要な代表団は世界の環境汚染の浄化は政府ではできないとして、民間にゆだねるよう求めるだろう。

水の安全保障を求める世界市民による運動は、リオ・プラステンで淡水の商品化の承認をせまる動きに備える必要がある。二〇〇一年夏にバンクーバーで開催されたカナダ人評議会のサミットで、「ブルー・プラネット・プロジェクト」が提出した「グローバルなコモンズとしての水を分かちあい、保全するための協定案」に焦点をしぼって、リオ・プラステンで反撃があるだろう。協定案には水が公共財かつ人間の権利であり、利益目的で使用してはならないと明快に述べられ、政府と先住民が署名して世界の水を、公共信託財として管理することに同意するよう求めている。この協定は水の新しい運動に不可欠であり、全国組織や連合が運動を起こす第一歩としてふさわしいものなのだ。

十、「世界水条約」を支持する。

水の安全保障運動においては、世界が共有する淡水を保全するため、国際機関の創設を求めるべきだ。リッカルド・ペトレッラによれば、明確な方向を示し、既存の条約の履行を監視できる世界的な機関がいま嘆かわしいほど不足しているという。水にかかわる環境、社会、管轄権の問題に対処できる国際的な法の枠組みもない。

したがってグローバルなコモンズないし公共信託財としての水という考えを推進する新しい協定と、水の保全と公平な分配に基づく国際的な法の枠組みを構築する必要があるのだ。法的な拘束力のある「世界水条約」は、

・「グローバルなコモンズとしての水を分かちあい、保全するための協定案」を採択し、
・国連の「世界人権宣言」をはじめ女性と子供と先住民の権利に関する既存の憲章や条約に水の権利を組み合わせ、
・世界規模で水の適切な管理体制をつくり、
・「グローバルなコモンズとしての水を分かちあい、保全するための協定案」の原則を実施するための国際的な法の枠組みをつくって、
・万人に水を供給するグローバルな目標を掲げ、
・水を保護、保全、再生利用するため、諸国の法律を調整し、
・世界の水を汚染と開発から守るため、法的に拘束力のある新しい環境条約を策定し、
・公平な分配原則によって水をめぐる紛争を解決し、「水の公平性による平和」のために各国から議員を集める。

「世界水条約」が、この計画を監督するための新しい常設国際機関の創設につながることは明白だ。だが、それがどのように実行されるか、またそういう条約がいかに策定されるかは、リオ・プラステンがどれほど順応性があるかにかかっている。だが、これは新しい条約の策定へと導くには格好の場となるだろう。別の目標としては、二〇〇三年の京都につづいて開催される、二〇〇六年三月のカナダ・モントリオールの第四回世界水フォーラムがある。

まったく異なる活動目的をもつ強力な組織に立ち向かうために、グローバルな市民運動を準

備するのは容易なことではない。だが、市民運動は不可欠なものである。モントリオールのフォーラムまでに主要な議題を変えることもできる。すみやかに計画を立て、同じ考えをもつ団体をできるだけ多くフォーラムに参加させ、私たちの運動の課題や考え方を議題として取り上げさせ、フォーラムに参加する代表者に、水がグローバルなコモンズの一部であるとする見解を広め、機会があれば市民運動に参加したいと思う多くの人の協力を求めることを考えなければならない。

第四回世界水フォーラムまでに世論が変わり、諸政府と国連が市民団体とともに「水コモンズ協定案」の採択と「世界水条約」の策定を宣言するようになることが重要な目標である。

かつてエリナー・ローズベルトは、「未来は美しい夢を信じる人たちのものだ」と語った。水の安全を将来にわたって守っていくために戦っている「ブルー・プラネット・プロジェクト」などの組織を支持する市民や団体は世界中で増えている。彼らはある美しい夢を信じている。その夢とは、地球の水危機から世界平和が生まれること、人類が自然の前にひざまずいて自然が与えてくれる範囲内で仲よく暮らせるようになること、私たちの運動を通じて、神聖な生命の水は地球と全生物種のコモンズであり、のちの世代のために保全しなければならないと世界中の人びとが宣言することなのである。

（本書は、Maude Barlow & Tony Clarke. *BLUE GOLD*. Stoddart Publishing, Toronto. を著者の了解のもとに新書版に編集し、全体の約七五パーセントを訳出したものです。

——編集部）

編集協力　綜合社

モード・バーロウ
カナダの政治活動家、作家、評論家。10万人の会員をもつNGO「カナダ人評議会」の議長。グローバル経済の民主的なコントロールをめざす世界的なネットワーク組織「グローバリゼーション国際フォーラム」理事。

トニー・クラーク
民主的な社会改革に向けた市民活動を支援するポラリス研究所（カナダ）の理事。「グローバリゼーション国際フォーラム」でも活動している。

鈴木主税（すずき ちから）
東京生まれ。翻訳家。翻訳グループ牧人舎代表。マンチェスター『栄光と夢』で翻訳文化賞を受賞。チョムスキー『メディア・コントロール』他、訳書多数。

「水《みず》」戦争《せんそう》の世紀《せいき》

集英社新書〇二一八A

二〇〇三年一一月一九日 第一刷発行
二〇〇九年 四 月 六 日 第七刷発行

著者……モード・バーロウ／トニー・クラーク 訳者……鈴木《すずき》主税《ちから》
発行者……大谷和之
発行所……株式会社集英社
東京都千代田区一ツ橋二-五-一〇 郵便番号一〇一-八〇五〇
電話 〇三-三二三〇-六三九一(編集部)
〇三-三二三〇-六三九三(販売部)
〇三-三二三〇-六〇八〇(読者係)
装幀……原 研哉
印刷所……大日本印刷株式会社 凸版印刷株式会社
製本所……加藤製本株式会社
定価はカバーに表示してあります。

ISBN 4-08-720218-6 C0231
Printed in Japan

集英社新書　好評既刊

「石油の呪縛」と人類

ソニア・シャー　岡崎玲子訳

人間の暮らしは、あらゆるものを石油に頼っている。だが、石油は単に恩恵をもたらすだけではない。資源をめぐる政略と戦争は常に繰り広げられ、地球の環境負荷は限界に達し、その枯渇も現実味を増している。数十億年を遡る石油の誕生から現代まで、新エネルギーの可能性なども含め、豊富な事例を挙げつつあらゆる角度から解説、石油の全貌が分かる一冊。

サウジアラビア　中東の鍵を握る王国

アントワーヌ・バスブース　山本知子訳

王家の名を冠した世界で唯一の国。豊富な原油埋蔵量を誇り、イスラームの聖地を持つ厳格なワッハーブ主義国家でありながら、アメリカの同盟国。秘密のヴェールに包まれたこの国の素顔とは？　アラブ世界に精通する専門家が、建国の歴史や現代サウジ社会の現実、アメリカなど西欧世界との関係、テロリズムとの関わりなどについて、明らかにする。

環境共同体としての日中韓

寺西俊一監修／東アジア環境情報発伝所編

急速な経済発展を続ける東アジア。しかし、大気汚染や酸性雨被害、土壌汚染、海洋汚染、砂漠化、森林破壊などが広域に広がり、漂着ゴミや産業廃棄物、野菜の農薬汚染などの問題も顕在化している。日本・中国・韓国は、環境破壊で密接に結びついているのだ。東アジアの環境問題を多角的に分析、環境保全の具体的な取り組みについても紹介する。